火电厂水平衡试验要点及案例分析

主　编　华电郑州机械设计研究院有限公司　郭新茹
中国电力工程顾问集团投资有限公司　张建辉
副主编　田民格　屈晓燕　许强　陈峰　宋洪伟
组　织　中华环保联合会水环境治理专业委员会

中国电力出版社
CHINA ELECTRIC POWER PRESS

内 容 提 要

本书详述了火电厂水平衡试验的目的、意义、试验要点、试验方法、试验方案、水平衡图绘制以及试验报告的参考编写模式等，尤其是列出了目前国内五类机组——直接空冷机组、间接空冷机组、直流冷却机组、循环冷却机组和燃气机组水平衡试验的一些典型试验报告以及试验存在问题的分析点评，对于规范提升水平衡试验有积极的意义。

本书专业性强，紧密结合生产实例，内容丰富、实用性强，可作为火电厂的设计、运行、节水管理人员、水平衡试验的技术人员培训及参考用书，同时也可以供其他供水企业以及节水行政管理部门的工作人员学习参考，也可供水处理相关人员及高等院校相关专业师生参考。

图书在版编目（CIP）数据

火电厂水平衡试验要点及案例分析/郭新茹，张建辉主编．—北京：中国电力出版社，2023.7

ISBN 978-7-5198-7874-0

Ⅰ．①火…　Ⅱ．①郭…　②张…　Ⅲ．①火电厂－水平衡　Ⅳ．①TM621

中国国家版本馆 CIP 数据核字（2023）第 089119 号

出版发行：中国电力出版社
地　　址：北京市东城区北京站西街 19 号（邮政编码 100005）
网　　址：http://www.cepp.sgcc.com.cn
责任编辑：畅　舒（010-63412312）
责任校对：黄　蓓　王海南
装帧设计：赵丽媛
责任印制：吴　迪

印　　刷：三河市万龙印装有限公司
版　　次：2023 年 7 月第一版
印　　次：2023 年 7 月北京第一次印刷
开　　本：710 毫米×1000 毫米　16 开本
印　　张：15.5
字　　数：217 千字
印　　数：0001—3000 册
定　　价：109.00 元

火电厂水平衡试验要点及案例分析

编委会

序

《火电厂水平衡试验要点及案例分析》一书是郭新茹的第三本著作，几年时间已出版三本著作，在我们电厂化学（现在叫电力化学）这个狭小的专业范围内是少有的，是非常可喜的。一方面说明郭新茹专业功底深厚、工程经验丰富、善于总结提高，另一方面也说明在我们这一专业技术领域还有许多东西值得我们去总结、探索和提高，以前做得不够。

在郭新茹的第二本著作《火电厂化学技术监督典型问题分析计算》（中国电力出版社，2021）一书的序言中我曾写过："目前出版的相关书籍（至少我们这个专业的技术书籍）中讲基本原理的教科书式的书籍很多，带有基础工作的及工程实践中技术总结类的著作少，这是非常遗憾的"。纵观这些年出版的本专业技术图书，教科书和各类发电机组的培训教材居多，内容互相重复，少有新意。一般讲，一个专业技术范围内的书籍应该包括三个层次：教材和基础培训资料、工程实践的总结和提高、基础性研究。遗憾的是后二者内容的图书本专业少之又少，郭新茹的三本著作填补了这方面的不足，也给我们提供了一个总结工程实践的示范。就我们电厂化学这个小专业而言，新中国成立以来已培养数以千计的专业技术人员，他们活跃在本专业的生产、调试、设计、科研等各种技术岗位上，每人都积累了大量的技术经验，这些经验若能以书面形式总结、提高、留存和传播，则是一笔巨大的技术财富，否则是重大损失。

近年由于工业发展，社会用水量剧增，造成水资源短缺和水质恶化，各工业企业都在加强水资源管理，合理进行企业内部水量分配，促进企业内部水的重复使用、循环使用和分级使用，减少水的排放，减少取水量，节约用水。所以近年各工业企业内部广泛开展水平衡试验，本书《火电厂水平衡试验要点及案例分析》就是总结各电厂进行的水平衡试验工作，其内容在电厂化学专业技术范围内是一个小分支，在这个分支内作者结合工程实践进行技术总结和经验分析，完全适用于当前的工程技术需要。在我们电厂化学专业范围内，像水平衡这样分支方向是很多的，如果每个技术方向、每个技术分支都有人进行总结和提炼，相互交流提高，广大技术人员的经验将会传承下去，专业的技术工作就会蓬勃发展，更上一层楼。所以工程实践总结和提高这个题材范畴是内容极多、范围宽广、大有可为的，是工程技术人员显示技能的广阔场所。

希望将来能看到郭新茹更多的著作，也希望能看到我们电厂化学专业的广大技术人员对自己的技术经验总结、提高，著书立说。

2023 年 3 月于上海电力大学

前　言

当前我国水资源面临的形势十分严峻，水资源短缺已成为制约经济社会可持续发展的主要瓶颈之一。电力行业是国民经济的基础产业，同时也是用水大户，2016 年火电用水消耗量占工业用水消耗量的 18%，且火电发展与水资源分布不匹配，尤其是西北部煤电基地极度缺水。提高电力行业尤其是火电行业的节约用水水平，对于全国实现水资源管理目标具有现实而重大的意义。

近几年，从制定“节水优先、空间均衡、系统治理、两手发力”新时期治水思路开始，国家相继出台《“十三五”水资源消耗总量和强度双控行动方案》、《关于加强重点监控用水单位监督管理工作的通知》（水资源〔2016〕1 号）、《排污许可证管理暂行规定》等多项法律、法规，同时修订了 GB/T 18916.1—2021《取水定额　第 1 部分：火力发电》，全面收紧火电机组用水效率要求，对水资源管理工作尤其是对火电厂节约用水工作提出了新的更高要求。

根据 DL/T 606.5—2009《火力发电厂能量平衡导则　第 5 部分：水平衡试验》的规定：“在以下任何一种条件下，都应进行水平衡试验：①新机组投入稳定运行一年内；②主要用水系统、设备已进行了改造，运行工况发生了较大的变化；③与同类型机组相比，单位发电量取水量明显偏高，或偏离设计水耗较大；④在实施节水、废水综合利用或废水零排放工程之前。”

水平衡试验是做好电厂节水工作，实现科学、合理用水管理的基础。通过试验，可以掌握电厂用水现状和各水系统用水量之间的定量关系，把握节水工作的重点，寻找节水的潜力，制定切实可行的用水、节水规划方案。可是对电厂的多数技术人员来说，还是比较陌生的，大多数电厂的化学专业负责全厂的用水，但是汽机专业的开式水、闭式水系统是整个电厂最复杂的用水系统，因此水平衡试验过去一直由汽机专业负责，甚至水平衡试验在传统省级电科院也是归汽机专业负责，而不是化学专业，基于上述理由，电厂未开展水平衡试验或水平衡试验工作开展不足，存在用水模糊、不计量的现象，也就不足为奇了。

电厂的水系统比一般工业的水系统复杂得多，一直以来，水平衡试验基本由科研院所来执行，报告也是由科研院所出具。鉴于目前从事水平衡试验工作的专业技术人员较少，对这项综合性技术工作较熟知者也不多，尤其对水平衡试验做的深度和广度没有一个普遍的共识，再加上水平衡试验的一些客观原因，很多电厂专业技术人员都没有办法客观地判断水平衡试验做得是否完整准确，对水平衡试验存在问题也缺乏分析解决的思路，因此，编写一部内容翔实、兼具专业性与可操作性的水平衡试验方面的专业著作是非常必要的。

这本《火电厂水平衡试验要点及案例分析》就是在上述背景下的一种尝试，也是近几年来对电厂工作实践体会和研究成果的一个总结。希望通过本书的编写，逐步提升行业的水平衡试验的专业水平，同时为提升行业的节水用水贡献一点绵薄之力。

在本书编写过程中，内蒙古国华准格尔发电有限责任公司屈晓燕、广西德保百矿发电有限公司黄莹、云河发电公司何华秀、上海奉贤燃机华志远、临沂市恒源热力集团程会芹、中电常熟热电有限公司张耀江、阿拉尔盛源热电有限责任公司蒋莉、国能河北衡丰发电有限责任公司李兴星，南通天生港发电有限公司张卫忠等参与编写并提供素材，在此表示感谢。

全书由丁桓如老师审稿。

鉴于编者的水平和时间有限，书中肯定会有不妥之处，恳请同行及读者给予批评指正，十分感谢。

编　者

2023 年 6 月

目　录

序

前言

第一章　水平衡试验意义 ………… 1

一、试验目的 ………… 1

二、试验条件 ………… 2

三、试验原则 ………… 3

四、试验方式 ………… 3

五、试验周期 ………… 4

六、试验经验 ………… 5

第二章　水量辅助测量及计量 ………… 6

一、水量辅助测量 ………… 6

二、水计量器具配备 ………… 11

第三章　水平衡试验方案 ………… 13

一、项目情况 ………… 13

二、技术方案 ………… 13

第四章　水平衡试验要点 ………… 22

一、系统划分 ………… 22

二、流量测量方法······22
三、试验测点选择······23
四、分系统试验要点······23
五、总结······41

第五章 水平衡试验作业指导书······42

一、作业指导书封面······42
二、作业指导书目录······43
三、作业指导书正文······43

第六章 水平衡试验报告模板······63

一、报告封面······63
二、报告扉页······64
三、报告摘要······64
四、报告目录······65
五、报告正文······65

第七章 水平衡图绘制方法······69

一、国标绘制原则······69
二、国标绘制方法······69
三、电标绘制方法······71

第八章 案例分析——直接空冷机组······73

一、概述······73
二、试验工况······77
三、试验结果汇总······78
四、试验结果评价······94
五、节水建议······95
六、结论及建议······99

七、附图 …… 100

第九章 案例分析——间接空冷机组 …… 101

一、概述 …… 101
二、试验工况 …… 104
三、试验结果汇总 …… 106
四、试验结果评价 …… 129
五、节水建议 …… 130
六、水平衡优化 …… 131
七、结论 …… 132
八、附图 …… 132

第十章 案例分析——直流冷却机组 …… 134

一、概述 …… 134
二、分系统水量分配 …… 135
三、试验工况 …… 147
四、试验结果汇总 …… 148
五、分系统水平衡框图 …… 157
六、试验结果评价 …… 163
七、节水建议 …… 163
八、附图 …… 164

第十一章 案例分析——循环冷却机组 …… 65

一、概述 …… 165
二、试验工况 …… 169
三、试验结果汇总 …… 170
四、试验结果评价 …… 187
五、节水建议 …… 188
六、水平衡优化 …… 189

七、结论 …… 189
八、附图 …… 190

第十二章 案例分析——燃气机组 …… 191

一、概述 …… 191
二、试验工况 …… 194
三、分系统水量分配 …… 195
四、试验结果汇总 …… 202
五、分系统水平衡框图 …… 210
六、试验结果评价 …… 214
七、附图 …… 218

附录一 水平衡试验原则及技术依据 …… 219
附录二 水平衡试验收资清单 …… 221
附录三 超声波管道法原始数据记录表 …… 222
附录四 容积法原始数据记录表 …… 223
附录五 冷却塔蒸发水量原始数据记录表 …… 224
附录六 电力水平衡名词术语 …… 225
附录七 单位发电量取水量的计算 …… 227
附录八 水平衡试验计算公式 …… 229

第一章

水平衡试验意义

一、试验目的

水平衡试验是把电厂作为一个确定的用水体系，分析电厂水量分配、消耗及排放之间的平衡关系，是评价合理用水水平的科学办法，也是加强用水科学管理和搞好节水工作的必要手段，更加是加强用水科学规划，最大限度地节约用水和合理用水的一项基础工作。它涉及用水管理的各个方面，同时也表现出较强的综合性、技术性。

通过水平衡试验可以达到以下目的：

（1）调查分析电厂用水系统状况。通过对电厂各种取水、用水、排水和耗水水量以及水质的测定，查清电厂的用水状况进行用水合理性分析，求得实测数据各水量间的平衡关系，依据掌握的资料和获取的数据进行计算、分析、评价有关用水经济技术指标，找出用水的薄弱环节和节水潜力，制定切实可行的用水技术、管理措施和规划，明确下一步节水工作方向。

（2）掌握电厂用水现状。了解水系统管网分布情况，充分掌握各类用水设备、设施、仪器、仪表分布及运行状态，理顺用水总量和各用水单元之间的定量关系，为获取准确的实测数据打好基础；找出水系统管网和设备、设施的泄漏点，并采取有效修复措施，堵塞跑、冒、滴、漏。

（3）监测各种用水及废水水质、水量等情况。通过水平衡试验，正确地评价电厂的用水水平，为制定合理可行的取水量、耗水量等定额指标提供依据，使电厂的用水达到合理科学的水平。

（4）在试验工作中，搜集整理有关资料、原始记录和实测数据，按照标准要求，进行计算、分析和处理，形成一套完整翔实的包括表、图、文字说明材料在内的用水档案。

（5）根据试验结果，绘制全厂水平衡图，研究电厂各种废水处理、回用及全厂零排放的可行性。

（6）通过试验结果，完善技术与管理的科学体系措施，制定合理的用水方案，建立用水档案，健全用水三级计量仪表配备，保证水平衡试验量化指标的准确性，为今后制定用水定额考核提供较为准确的基础数据。

二、试验条件

在下列任何一种条件下，电厂都应进行水平衡试验：

（1）新机组投入稳定运行一年内。

（2）主要用水系统、设备已进行了改造，运行工况发生了较大的变化。

注：①原水由地表水、地下水替换为城市再生水，电厂的水处理工艺会发生比较大的变化，由于水质变化引起的排水量的变化，会影响到整个电厂的用水平衡。②环保改造引起的水平衡的变化。

（3）与同类型机组相比，单位发电量取水量明显偏高，或偏离设计水耗较大。

注：参考数据可以选自集团内同类型机组对比数据，也可选自“大机组竞赛”等活动的数据等。

（4）在实施节水、废水综合利用或废水零排放工程之前和之后。

注：一般来说节水、废水综合利用或废水零排放的设计都需要水平衡的数据，根据水平衡的数据，选择合适的工艺流程，节水改造后，需要重新通过水平衡试验，评价改造的效果是否达到设计要求。

三、试验原则

（1）选择在常规工况下进行水平衡试验，且运行机组的发电负荷应占全厂总装机容量的80%以上，保证试验结果能够反映真实的用水水平。

（2）所有试验仪表应经过校验，其精度应满足GB 17167《用能单位能源计量器具配备和管理通则》的要求。

（3）有计量表计的三级用水系统要定时检查记录。当采用辅助方法测量时，要选取负荷稳定的用水工况进行测量，平行测量次数不少于3次，最终取其平均值。

（4）水平衡试验宜在冬季、夏季工况分别进行。

四、试验方式

水平衡试验方式有三种，即一次平衡试验、逐级平衡试验和综合平衡试验。

1. 一次平衡试验

一次平衡试验，是对所有用水系统的水量测定工作，均在“瞬时”同步进行，并获得水量平衡的一种试验方式。该方式只适用于用水系统比较简单，用水过程比较稳定的情况。

显然，该种试验方式容易取得水量间的平衡，试验时间短，便于组织开展工作，并可较快取得成果。但是，由于用水系统和实际用水情况的复杂性及其他因素的影响，除非参与水平衡试验的人员训练有素、试验准备和组织工作周密得当，通常均难以“瞬时”同步完成试验工作，而是作为逐级平衡试验的基础。

2. 逐级平衡试验

逐级平衡试验，按水平衡试验系统的划分，自下而上，从局部到总体逐级进行水平衡试验的一种方式。为了使最终的试验成果具有代表性，各级的各种用水系统的水平衡试验，都应在具有相同代表性的各试验时段内，按一次平衡试验的方式进行。

显然，逐级平衡试验实际上是“化整为零”“积零为整”的一次平衡试验过程。它适用于具有可以逐层分解的用水系统，且易于选取具有代表性试验时段的企业。全部水平衡试验工作，需在较严密的组织计划安排下进行，较易于稳步取得逐级水平衡结果，所需总的水平衡试验周期较长，且应视企业的生产类型及水平衡试验计划安排而定。

逐级平衡试验是应用较多的试验方式。

3．综合平衡试验

综合平衡试验，是指在较长的水平衡试验周期内，在正常生产条件下，每隔一定时间，分别进行水量测定，然后综合历次试验数据，以取得水量总体平衡的一种方式。这种试验方式，更适用于连续批量型或非连续批量型生产，特别是难以确定具有代表性试验时段的企业。

这种试验方式所需周期较长，便于结合日常管理进行，便于利用日常用水统计数据，所得水量总体平衡数据稳定可靠，但要求有较多的测定数据（样本容量），需进行较复杂的统计分析。

五、试验周期

水平衡试验周期是指用水单位从实测开始到建立一个完整的、具有代表性的水量平衡图所需的时间段范围及时间量。它应与用水单位的工作、生产周期相协调一致，才能全面反映生产用水的情况。它不应包括试验前准备工作和报告书编写工作所用的时间。

水平衡试验时段是指测定用水系统的一组或数组有效水量值所需要的时间。一个试验周期应包括若干个具有代表性的试验时段。为此，应选取工作（用水）稳定、有代表性的时段进行试验，若能找到具有代表性的时段，也可适当缩短试验周期。同时，时段的选择要便于测定和计算，每个时段亦需进行多次水量测定，每次的连续试验时间为 48～72h，每 24h 记录一次，共取 3～4 次试验数据。显然，水平衡试验周期和时段的选择，直接关系到试验方法的选择和试验数据的实用性。

通常，火电厂在役机组每 3 ~ 5 年开展一次全厂水平衡测试。

六、试验经验

在水平衡试验项目中根据各单元用水特征，合理的系统分隔、科学的试验设计、优化的测量方法选择、精确的数据测定分析，准确地反映用、排水现状。针对供水系统、化学除盐水系统以及其他水量相对比较稳定、部分测点有表计的特点，试验期间主要通过校对已有表计，整理历史数据和超现场测量数据相结合的手段。循环水系统、冲灰水系统和废水排放系统水量波动较大，试验条件复杂，试验期间根据其各系统的特点分析系统，通过试验确定。为了保证试验数据的准确性和代表性，试验期间采取分系统逐级平衡、改进试验方法、增加平行测定次数等多条措施来减少试验的误差。

第二章

水量辅助测量及计量

一、水量辅助测量

水平衡试验过程中，主要使用超声波管道法、流速仪法、容积法、堰测法和示踪法等对水量进行辅助测量。

1. 超声波管道法

超声波流量计一般适用于测量管径 DN25 ~ DN3000 的管道流量，在满足测量条件的情况下，精度可达到 ±（1 ~ 2.5）%。工业上常用的超声波流量计根据测量介质性质不同，主要采用时差式和多普勒式两种测量原理。时差式利用超声波在通过流体的顺逆两方向上传播速度之差来求取流体的流量和流速。多普勒超声波流量计是利用声波在流体中传播的多普勒效应，通过测定流体中运动粒子散射声波的多普勒频移，得到流体的速度。

超声波流量计主要由主机（变换器）、探头（检测器）、电源等组成，其形式有固定式和便携式。探头安装位置对测量精度有很大的影响，因此要选择合适的位置。测点安装一般应满足下列条件：

（1）测点上游等断面直管段长应大于 10D（D 为管道的内径），下游应大于 5D。上游侧 30D 长度内没有扰乱流体的因素，如泵和阀门。测点安装上下游直管段要求如图 2-1 所示。

（2）管道始终充满流体，流体内不含大量的气泡和异物。

（3）流体流动时配管必须完全充满流体，如图 2-2 所示，为保证测量管段内液体满管，尽量选取上升流向管段进行测量。

（4）对水平管道，为了避免滞留空气或沉积物影响测量精度，在水平面的±45°内安装检测器，如图 2-3 所示，对竖直管道，检测器可安装在外周上任一位置。

<table>
<tr><th>分类</th><th>上游侧直管长度</th><th>下游侧直管长度</th></tr>
<tr><td>90°弯头</td><td>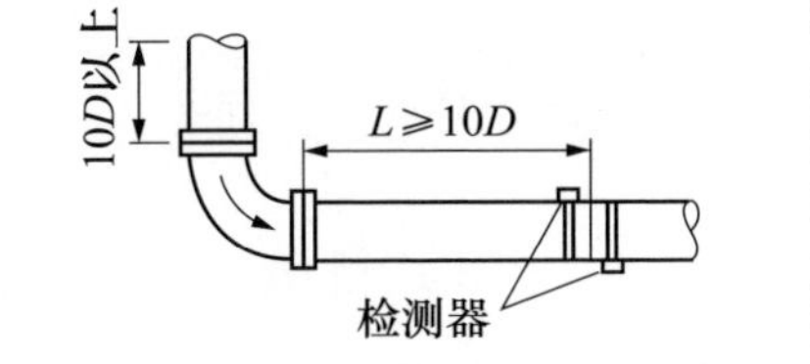</td><td>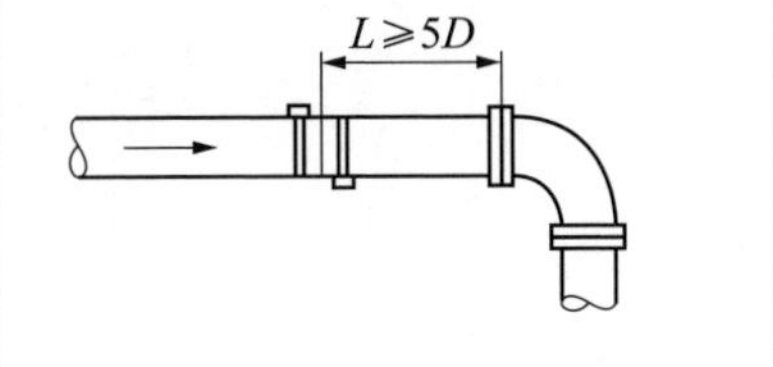</td></tr>
<tr><td>三通</td><td>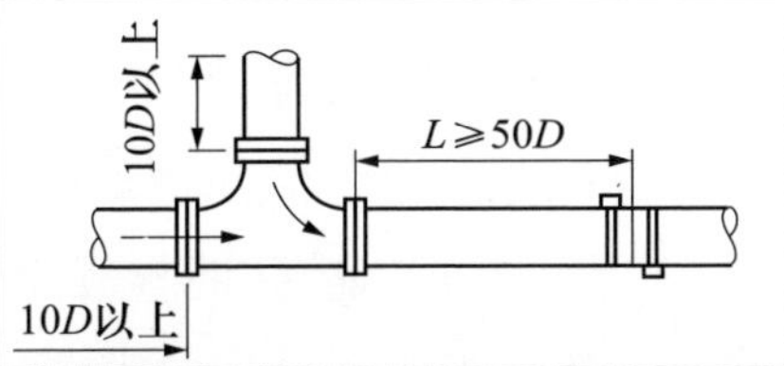</td><td>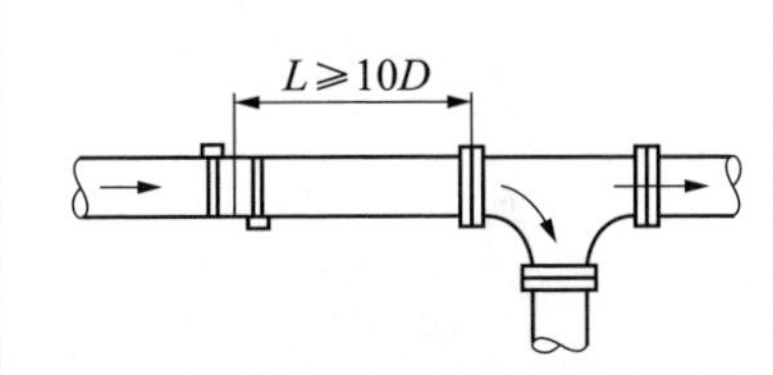</td></tr>
<tr><td>异径接头（扩展）</td><td>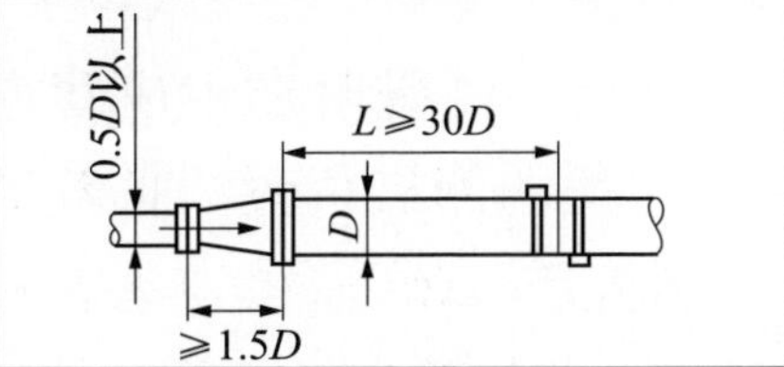</td><td>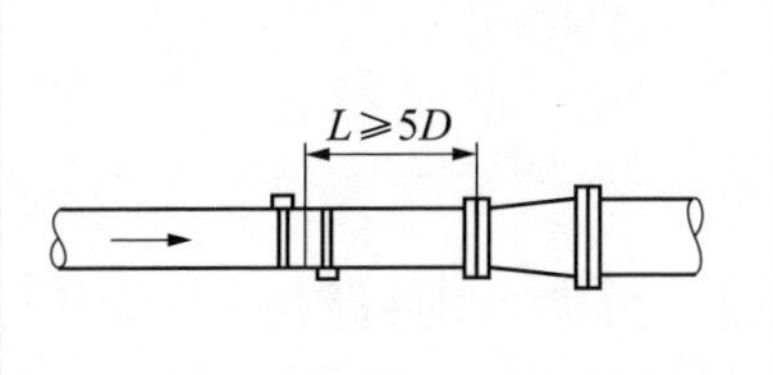</td></tr>
<tr><td>异径接头（收缩）</td><td>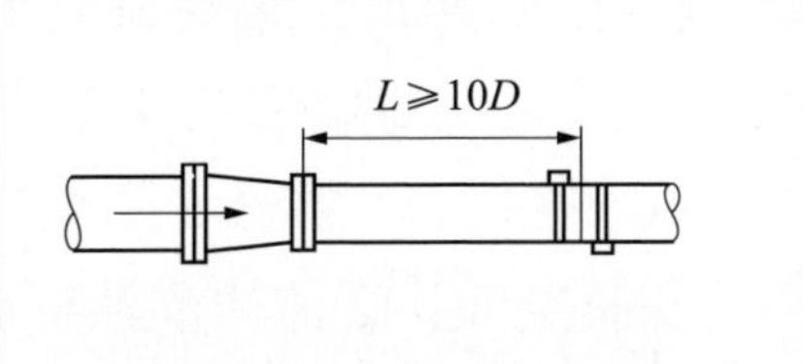</td><td>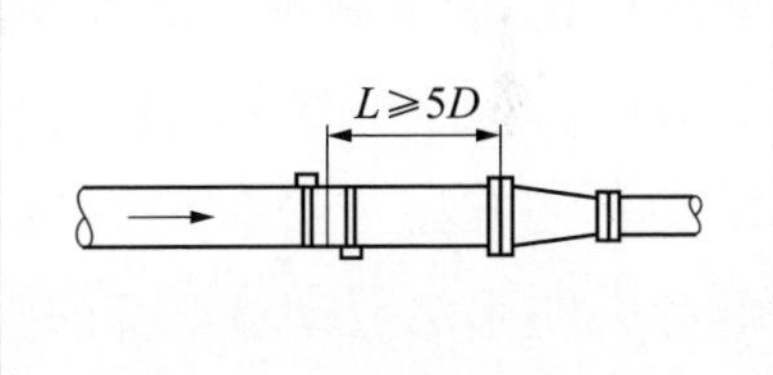</td></tr>
<tr><td>各种阀门</td><td>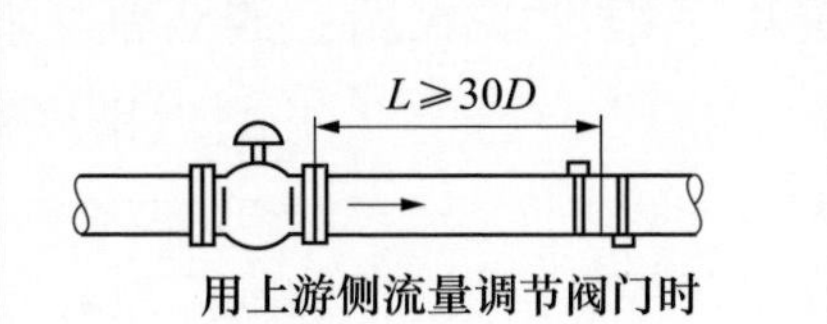
用上游侧流量调节阀门时</td><td>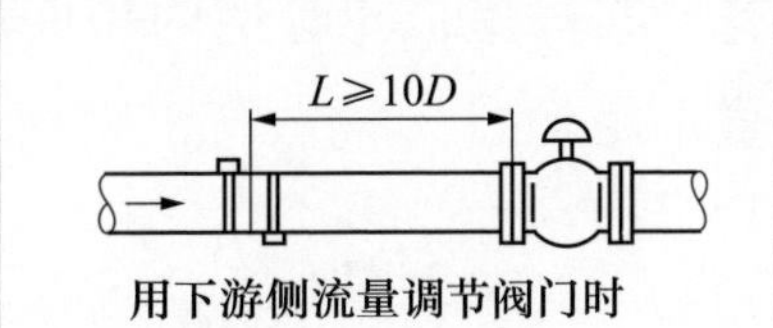
用下游侧流量调节阀门时</td></tr>
<tr><td>泵</td><td colspan="2">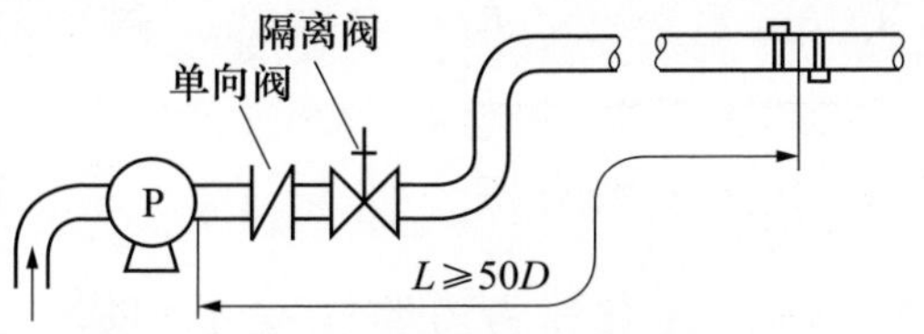</td></tr>
</table>

图 2-1　测点安装上下游直管段要求

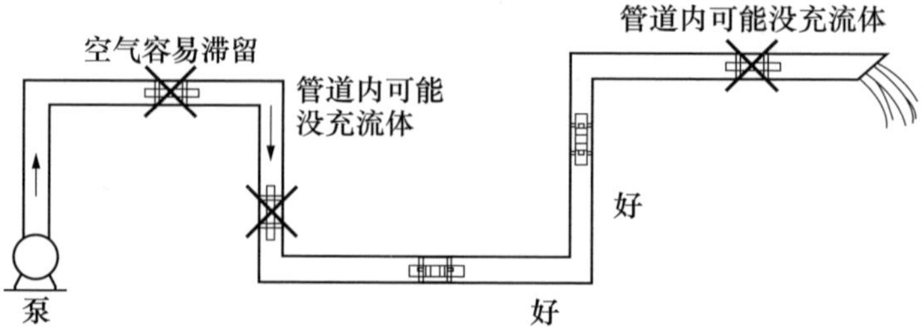

图 2-2 流体流动管段要求

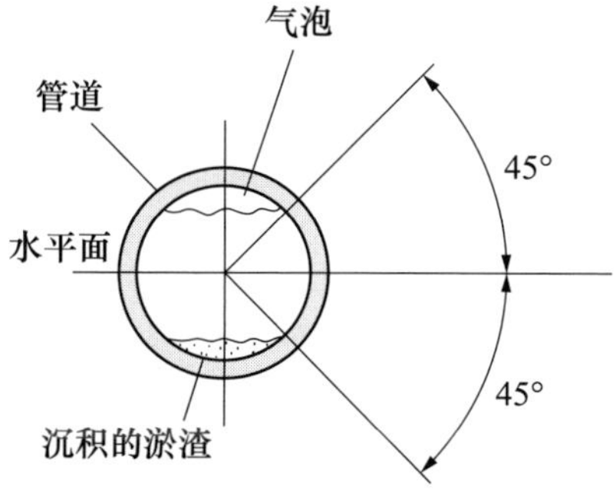

图 2-3 测点安装水平管段布置要求

（5）测量段的内外管壁要求平滑，无凹凸不平，以使探头安装时与管壁很好接触，接触面上应涂黄油或凡士林作耦合剂。

（6）避免将检测器安装在管道上变形、凸缘或焊接部分附近。

测量时在相应管道上选取合适的测点位置，把管道外径及壁厚、材质、内衬材料及厚度、介质温度、环境温度等参数输入超声波流量计的变换器中，得出两测点之间的距离，最终确定两个探头的具体位置。必要时可用锉刀、便携式磨砂机等将探头安装面进行打磨。探头安装方法一般有 V 法和 Z 法（见图 2-4、图 2-5）。在下列情况下可考虑使用 Z 法：①没有充足的安装空间；②流体浑浊度高；③管道有砂浆衬里；④管道内表面沉积了很厚的水垢；⑤V 法的接收信号强度不足。

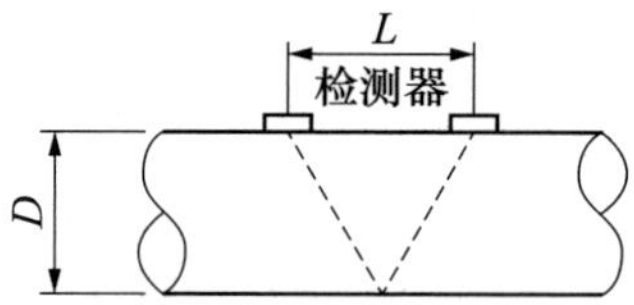

图 2-4 探头 V 法安装

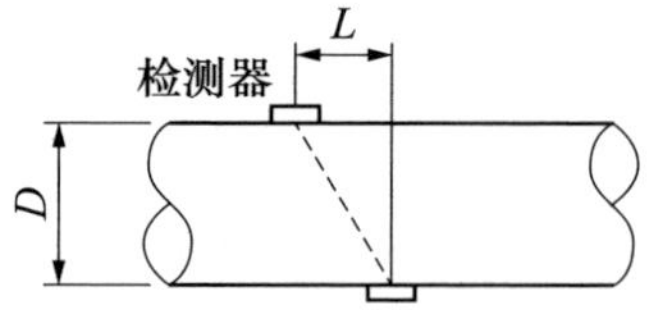

图 2-5 探头 Z 法安装

在完成连线、管道参数设置和探头安装，以及测量画面上选择测量种类（流量、流速和累计等）配置后，开始测量。如果水流停止时仍显示有流量，进行“零点调整”和“低流量截流”设置；如果流量显示有波动，进行“阻尼”设置。

试验过程中采用超声波流量计法测量管道流量时，应填写超声波管道法原始数据记录表，见附录三。

2. 超声波明渠法

采用超声回波技术，通过测量流量槽（堰）液位高度，再经过仪器内部的微处理器运算得到流量。由于是非接触测量，能在较恶劣的环境中应用，如测量厂区总排水。

3. 堰测法

堰测法是把具有自由表面的水流（如电厂的排水、循环水等）引入水堰中，测量溢流层高度，并利用流量与各溢流层高度的单值函数关系计算流量。常用的水堰有 90°三角堰、矩形堰、全宽堰，三种堰的流量测量范围见表 2-1。

表 2-1　三种堰的流量、水头测量范围

水堰形式	堰顶宽 B（b）或 $B\times b$（m）	堰水头范围 h（m）	流量范围 Q（$\times10^3m^3/h$）	L_1（m）
90°三角堰	0.80	0.70～0.260	1.83～48.2	≥1.32
矩形堰	0.91×0.36	0.030～0.270	3.48～91	≥1.71
	1.2×0.48	1.030～0.312	4.67～150	≥2.14
全宽堰	0.60	0.030～0.150	6.0～66.5	≥1.35
	0.90	0.030～0.225	9.0～190	≥2.05
	1.20	0.030～0.300	12～400	≥2.70
	1.50	0.030～0.375	15～700	≥3.40
	2.00	0.030～0.500	20～1430	≥4.50
	3.00	0.030～0.750	30～3960	≥6.75
	5.00	0.030～0.800	50～7100	≥9.00

4. 容积法

对于间断性通水的管道、沟渠，可以采用容积法测量。将被测介

质注入预定的容器或水池，用秒表计量水量到达预定容积所需时间，计算出流量。计算公式为

$$Q=\frac{V}{t} \tag{2-1}$$

式中 Q——流量，m^3/h；

V——预定容积，m^3；

t——时间，h。

试验过程中采用容积法测量流量时，应填写容积法原始记录表，见附录四。

5. 示踪法

示踪法是通过投放示踪物测量流量的方法，一般常用的有稀释法和通过时间法。

稀释法：在测量段上游侧的测点处投放已知浓度的高浓度盐水，然后在下游侧的测点取出被测流体，并测量其含盐浓度，根据盐的不同浓度，可以计算出通过两端的流体流量。

通过时间法：在测量段上游侧的测点处快速投放示踪物（颜色鲜艳，能发光的示踪物），同时记下时间，然后在下游侧的测点记下示踪物通过该点的时间，根据上下游测点的距离和时间就可以计算出流量。

6. 流速仪法

流速仪的工作原理是当水流作用到仪器的感应元件桨叶时，桨叶即产生旋转运动，水流速越快，桨叶转动越快，转速与流速之间存在着一定的函数关系，即

$$v=an+b \tag{2-2}$$

式中 a、b——流速仪标定系数；

n——流速仪转速，r/min；

v——流速，m/s。

流速仪主要由旋转部分、身架部件、尾翼部件及计数、计时器等附属设备组成。一般测速范围为0.06～7.0m/s，测量公式的均方差可达到

±（1～2.5）%。

在电厂水平衡试验中，流速仪法主要用于测定外排水渠道等过水断面的平均流速。

二、水计量器具配备

1．配备原则

（1）水计量器具配备应结合水务管理需要，一级用水系统和二级用水系统水计量器具配备率应达到100%，三级用水系统应根据其工艺特点、介质性质、适用场所和功能要求进行选择，流量测点应布置合理。

（2）水计量器具宜具有在线监测、流量累计、数据远传等功能，可根据需要设置报警限值。

（3）水计量器具应具有计量器具制造许可证书、型式批准证书，并经检定合格后方可使用。

（4）明渠计量监测系统应根据其结构特点配备适合的水计量器具，应满足HJ 15《超声波明渠污水流量计技术要求及检测方法》、GB/T 11826《转子式流速仪》的规定。

（5）石膏浆液、灰浆及泥浆等混合流体计量监测系统可配备符合其介质性质的浆液型水计量器具。

2．计量范围

用水系统计量范围应符合表2-2的规定。

表2-2　　用水系统计量范围

计量部位	计量范围
一级用水系统	（1）水源地取水设施的供水管。 （2）原水进入厂区后的供水管。 （3）排至厂外的各排水管或明渠。 （4）对厂外供水、供汽及回收水管
二级用水系统	（1）工业（或公用、杂用）水泵出口供水管。 （2）循环水系统补水管。 （3）锅炉补给水处理系统供水泵出口供水管。

续表

计量部位	计量范围
二级用水系统	（4）生活水泵出口供水管。 （5）消防水系统
三级用水系统	（1）锅炉补给水处理系统供、排水管。 （2）烟气净化系统供、排水管。 （3）热网系统循环水管、补充水管
三级用水系统	（4）除灰渣系统供、排水管。 （5）输煤系统供、排水管。 （6）各类废（污）水处理系统的供、排水管

注　二、三级用水系统的水计量器具计量范围可根据实际用水系统与运行工况适度调整。

3. 水计量器具配备

水计量器具配备应符合表2-3的规定。

表2-3　　水计量器具配备要求

计量级别	配备率（%）	检测率（%）	合格率（%）	计量率（%）
一级用水系统	100	100	100	100
二级用水系统	100	100	100	≥95
三级用水系统	根据需要	≥90	≥90	≥85

4. 水计量器具准确度等级

水计量器具准确度等级应符合表2-4的规定。

表2-4　　水计量器具准确度等级要求*

计量级别	准确度等级
一级用水系统	优于或等于0.5级
二级用水系统	优于或等于1.0级
三级用水系统	优于或等于1.5级**

*　明渠计量监测系统水计量器具准确度等级可放宽至优于或等于3.0级。

**　孔板式水计量器具可放宽至优于或等于2.0级。

第三章

水平衡试验方案

一、项目情况

（1）项目名称：××电厂水平衡试验。

（2）主要工作内容：

1）对全厂供、排水系统进行勘查，并编制《××电厂水平衡试验方案》。

2）根据方案对全厂供、排水系统测点进行布置，并对测点进行流量测量。

3）根据试验的数据，对全厂供、排水系统的数据进行整理分析与处理，使其符合机组试验要求工况条件下的平衡。

4）根据相关技术标准和现场试验数据，绘制全厂水系统水量平衡图，编制《××电厂水平衡试验报告》。

（3）试验单位：××公司。

（4）计划工期：××周。

二、技术方案

1. 试验准备

（1）试验工器具：

1）超声波流量计××套。

2）试验工具移动小车××台。

3）试验打磨机××套。

4）试验专用耦合剂××盒。

5）试验专用铝合金伸缩梯子××部。

6）试验专用电磁铁××块。

7）试验专用超声波探头××副。

8）试验架××套。

9）试验用仪表盒××只。

（2）安全措施检查落实：

1）检查测点周围是否有易燃、易爆物质。

2）检查测点是否在高空，如在高空，按照高空作业标准搭架或专用梯子，并佩戴双钩安全带。

3）检查测点及周围是否有坑、沟、孔、洞，如有，做好临时围栏，并放有明显标识。

4）检查测点介质流向、温度，如高温，需注意防烫伤安全保护措施。

2. 工作流程

水平衡试验工作流程图如图 3-1 所示。

3. 试验目的

（1）通过水平衡试验工作的开展，确定电厂实际取水、用水、排水、耗水等重要技术指标，查清其用水状况，找出节水潜力，制定切实可行的节水技术措施和规划，为××电厂用水的合理使用和科学管理提供依据。

（2）通过水平衡试验工作的开展，正确评价××电厂的用水水平，并根据试验掌握的数据，全面计算全厂发电补水量、排水量、全厂总用水量、循环水量、重复利用率、工业废水复用率、发电耗水率、排放率、除盐水补充率等重要指标，并根据相关标准，评价全厂用水水平。

（3）通过水平衡试验工作的开展，为电厂进一步开展水系统优化及未来的零排放工程提供技术依据。

（4）通过水平衡试验工作的开展，为电厂申报节水型企业提供技术依据。

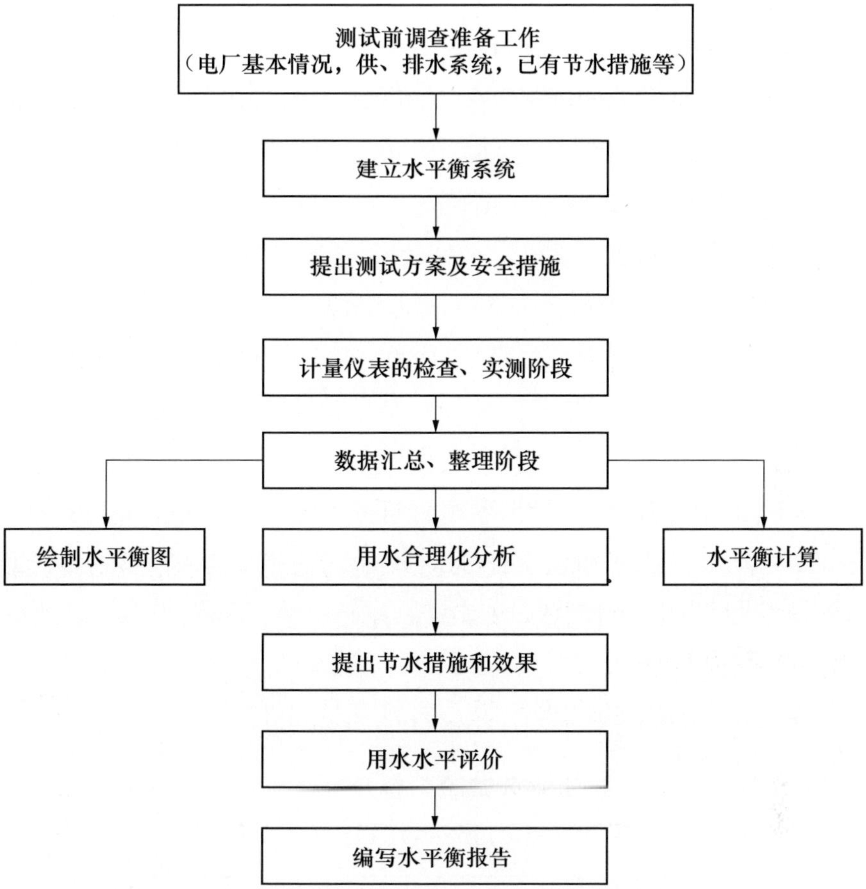

图 3-1　水平衡试验工作流程图

4. 试验依据

（1）DL/T 606.5《火力发电厂能量平衡导则　第 5 部分：水平衡试验》。

（2）GB/T 12452《水平衡测试通则》。

（3）GB/T 50102《工业循环水冷却设计规范》。

（4）电厂水系统设计资料和图纸。

（5）电厂能耗指标等统计数据。

（6）国家法定规定相关标准。

5. 试验范围

电厂全厂水系统。

6. 组织机构

为保证试验工作的正常开展，确保数据的准确性，试验工作应组建试验领导小组和试验技术小组。具体人员安排及工作职责，可以编制《××电厂水平衡试验组织措施》。

7. 概述（参考）

依据××电厂有关设计资料、系统图、规程等，电厂水系统主要分为以下几个部分：水源及预处理系统、锅炉补给水处理系统、循环水系统、开式水系统、闭式水系统、消防水系统、生活水及生活污水处理系统、输煤用水及含煤废水处理系统、脱硫工艺水及废水处理系统、含油废水处理系统、工业废水处理系统、除灰渣系统、热力循环系统、发电机定冷水系统等。分别对各系统的供、排水情况进行描述，具体可以参照第四章的描述。

8. 内容及方法

水平衡试验前后的试验内容及方法见表 3-1。

表 3-1　　水平衡试验内容及方法

序号	内　　容	备注
一	试验前的准备工作	
1	查清××电厂各种水源情况及各部用水情况	
2	查清用水情况，绘制全厂水平衡系统测点布置图，用水计量网络图	
3	用水系统情况调查	
4	用水分类。按照水的用途和水的使用范围进行分类	
5	主要设备调查包含： （1）电厂装机容量、台数、投产日期及主要技术规范。 （2）电厂主要用水设备台数和技术规范（水量、水质、水温和冷却介质的设计要求和技术数据）	
6	排水、耗水系统情况调查包含： （1）排水、耗水系统的设备和设施的技术参数。 （2）××电厂近几年来的主要排水点的排水量统计	

续表

序号	内容		备注
二	确定水平衡体系，选定各部位测点		
1	划分水平衡试验体系	水平衡体系分为三级： 一级：全厂水平衡系统； 二级：分系统水平衡系统； 三级：各用水设备平衡系统	
2	水平衡系统的测点确定（编制测点布置图）		
三	水平衡现场计量仪表的配备调查		
	（1）一级用水计量表，配备率、合格率、检测率均达到 100%。 （2）二级用水计量表，配备率、合格率、检测率均达到 95%以上		
四	试验原则及要求		
1	在常规工况下进行水平衡试验，且运行机组的发电负荷应占公司总装机容量的 80%以上，保证其真实用水水平		
2	水平衡试验期间机组运行状态维持不变，发电负荷保持稳定。取水量和各种用水量须稳定，取水和用水的有关阀门不能随意操作		
3	水平衡试验现场作业环境应满足 GB 26164.1《电业安全工作规程　第 1 部分：热力和机械》的要求		
4	水平衡试验期间，××电厂应配备符合各专业要求的试验辅助人员		
5	水表的精确度不应低于 ±2.5%，水表的记录要准确		
6	测量时要选取负荷稳定的用水工况进行测量，其测量次数不少于 3 次，取其平均值		
7	水平衡试验在夏季进行，根据历史数据对冬季工况进行复核		
8	全厂的水平衡的不平衡率 σ：一级水平衡 $\sigma \leq \pm 5\%$；二级水平衡 $\sigma \leq \pm 4\%$		
五	试验项目		
1	全厂总取水量、总用水量、复用水量、循环水量、耗水量		
2	全厂总排水量、回用水量		
3	全厂复用水率、循环水率、损失水率		
4	全厂发电量、发电耗水量、发电水耗率		
5	锅炉排污率、补水率、全厂废水复用率		

续表

序号	内容	备注
六	水量试验方法	
1	超声波管道法	
2	超声波明渠法	
3	堰测法	
4	容积法	
5	示踪法	
6	流速仪法	

9. 工期计划表

水平衡试验分系统水量测量计划表见表3-2。

表3-2　　水平衡试验分系统水量测量计划

序号	测点系统名称	测定时间安排	备注（提资、配合）
1	取水及预处理系统	第一轮试验4～7天；第二轮试验2天；第三轮试验2天；第四轮试验2天；第五轮试验2天	资料提供：供水水量抄表记录；人员配合：相关专业派人带领试验人员去相关地点
2	锅炉补给水处理系统		
3	循环水系统及开式水系统		
4	工业水系统及各用户		
5	闭式水系统		
6	消防水系统		
7	生活水系统及生活污水系统		
8	燃料、输煤系统		
9	脱硫系统		
10	含油废水处理系统		
11	灰、渣水系统		
12	工业废水系统		
13	热力循环系统		
14	定子冷却水系统		
15	雨水系统		

10. 项目进度计划

水平衡试验项目进度表见表3-3。

表 3-3　　　　项目进度表

序号	项目进度	计划时间	计划人数	备注
1	方案编制阶段			
2	现场试验阶段			根据负荷确定
3	数据汇总阶段			
4	报告编制阶段			

11. 质检点

检查测量的准确性是否准确，主要包括以下几个质检测点（具体到某个项目应编制质检点检查表）。主要质检点见表3-4。

表 3-4　　　　主要质检点

序号	质　检　点	备注
1	试验点布置要符合测量要求	
2	试验点管道直径是否准确	
3	仪表参数是否正确	
4	超声波探头距离是否准确	
5	超声波流量计波形显示是否正确	
6	超声波流量计流量是否稳定	

12. 评价标准

水平衡试验结束后的评价标准见表3-5。

表 3-5　　　　评价标准

序号	标准号	名称
1	GB 8978	污水综合排放标准
2	GB/T 7119	节水型企业评价导则
3	GB/T 12452	水平衡测试通则

续表

序号	标准号	名称
4	GB/T 50050	工业循环冷却水处理设计规范
5	GB/T 50102	工业循环水冷却设计规范
6	DL/T 606.5	火力发电厂能量平衡导则　第 5 部分：水平衡试验
7	DL/T 783	火力发电厂节水导则

13. 进度和质量措施

（1）编制完善的试验技术措施。合同签订后，安排技术人员收集现场的相关图纸、规程，并对现场进行勘查后，编制完善的水平衡试验技术措施，绘制全厂水平衡测点布置图。大纲按照三级审核程序进行审核，保证水系统联络图完全反映全厂给排水系统的现状，测点布置合理。

（2）现场试验阶段。水平技术措施编制完成，并通过委托方的审核后，择机开展全厂水平衡试验。在现场试验过程中，为保证试验数据的完整、准确性，采取如下措施：

1）根据水平衡试验要求，保证电厂发电负荷占全厂装机容量的80%左右。

2）在试验期间要求电厂水系统保持连续性，不作大幅度调整。

3）对于每一测点进行测量，测量次数不少于 3 次。而且采用不同仪表、不同人员进行测量，测量完成后对数据疑问点进一步复核。

4）在试验期间，对现场仪表进行校对，根据校对数据进行平衡。

5）试验仪器经过国家法定计量部门校验，并在有效期内。

6）现场试验人员需持证上岗。

14. 测试结果分析评估

测试结果分析，主要是合理化用水分析，这是水平衡试验的重要目的。通过分析，可以找出存在的问题和节水潜力，确定相应的节水技术措施和管理办法。其中水平衡试验计算公式见附录八。

（1）水量的计算。取水量、串用水量、重复利用水量、排水量、耗水量、漏失水量、用水量等。

（2）评价指标计算。单位发电量取水量、不平衡率。

（3）测试数据评估。通过计量测试仪表的配备率、完好率和计量率，评估测试数据的准确性和代表性。

（4）问题评估。通过各项用水指标的分析对比，评估电厂在取水、用水、耗水和水务管理方面存在的主要技术和管理问题。

第四章

水平衡试验要点

一、系统划分

按照电厂实际的水系统划分水平衡试验体系，确定试验对象，划出水平衡试验范围。正式试验前，应根据收集的电厂资料及现场实际勘查情况进行系统划分。全厂水系统的划分没有固定的套路或者格式，主要是根据现场的实际情况，结合试验的经验，秉持简单易测的划分原则。

全厂水系统一般宜按工艺系统性质划分为：取水及原水预处理系统；循环水及开式水系统；工业水系统；锅炉补给水处理系统；输煤燃料系统；除灰、渣水系统；脱硫脱硝（湿除）系统；工业废水处理（回用）系统；生活水及生活污水处理系统；闭式水系统；定冷水系统；热力循环系统；消防水系统等。

各系统可进一步划分成单项用水系统或用水设备。

二、流量测量方法

方法 1：被测系统上有表计，经过校准并确认指示正确（误差小于 2%～5%的表计）可直接抄表记录，同时查阅以前的报表记录以供参考。

方法 2：被测系统上无表计，试验期间采用便携超声波流量计测定流量。根据系统运行工况的不同，分时段多次测量，最后取流量平均值，必要时可采用长时间仪器测量后取累计流量值计算出平均值。

方法 3：被测系统上无表计，不便使用便携式超声波流量计测定的，测定或记录邻近相关系统的流量，计算出所需要的流量数值。

方法 4：被测系统管道流量不稳定，有表计的经过校准并确认指示正确（误差小于 2%～5%的表计）可直接抄表进行统计计算。

方法 5：对于间断性通水的管道、沟渠，可以安装水表累计计量或采用容积法测量。

方法 6：流量不稳定且较小，可采用容积法，然后折算成小时平均流量。

方法 7：对于连续稳定的水渠流量的测定，根据现场具体情况可以采用流速仪测量。

方法 8：泥浆、灰渣等固体物的含水率可采用重量法测定。

方法 9：对于冷却塔蒸发损失量等无法测量但又是水平衡试验及绘制全厂水平衡图不可或缺的数据，可通过关闭冷却塔下游用户，根据水池液位下降高度计算或根据经验公式参考 GB/T 50102《工业循环水冷却设计规范》计算，排污损失计算公式参考附录八。

三、试验测点选择

根据电厂现有水系统图及系统改造的实际情况，现场确认试验的全部测点位置与数量，具体试验中应根据现场实际情况对测点进行适当增减。

四、分系统试验要点

分系统的描述没有固定的格式，内容字数也没有特殊的要求，只要描述清楚即可，可以参照各专业运行规程，也可以参照系统说明书，也可以自己总结。分系统描述的内容应能让第三方专业人员读懂，不产生歧义。为了更好地说明试验的要点，本节以电厂各分系统作为案例进行要点分析。

1. 水源及预处理系统

某电厂水源及预处理系统主要工艺流程：由江边补水泵从江水干流左岸取水后，经两根母管送至沉沙池进行沉淀处理，澄清后的水由升压泵升压后供至化学补给水预处理系统澄清池。主系统设置了三台泥渣分离接触型澄清池。石灰加药系统配制的石灰乳利用石灰乳输送泵输送至澄清池第一反应室中；絮凝剂采用聚合硫酸铁，由计量泵按进水比例投加到澄清池；硫酸加药根据加酸后的澄清池出水 pH 控制，采用计量泵投加到澄清池回流水沟。

预处理的出水一部分送往主厂房经冷却辅机后补入循环水系统，一部分直接补入循环水系统，另一部分作为锅炉补给水水源。

系统流程图如图 4-1 所示。

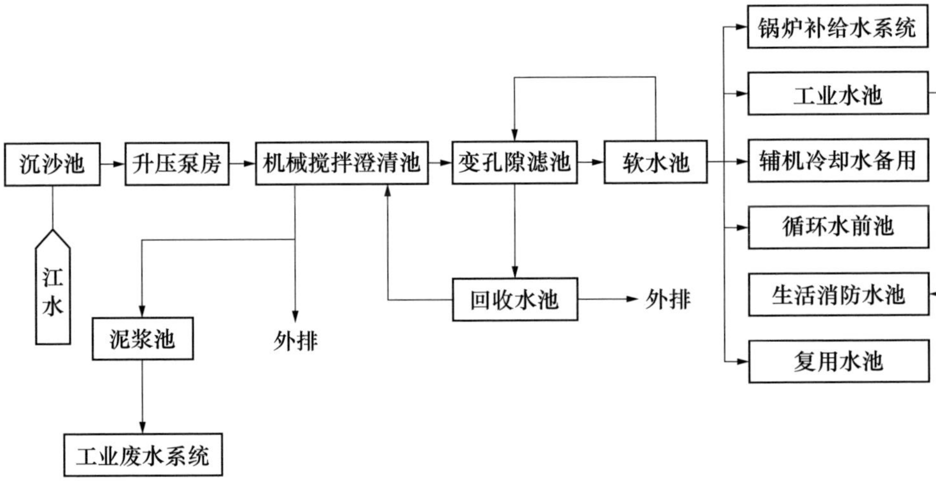

图 4-1　水源及预处理系统流程图

（1）试验要点。

1）按照国家或者行业的要求，电厂取水口（水源）均应装有关口计量表，计量部门定期检定，因此，一般情况下，水量可以直接读取关口计量表计数据，特殊情况除外。

2）连续运行管道的流量测量，现场有流量表的，优先比对流量表，辅助查阅以前的报表，判断可以直接读数的应以在线表数据为主。

3）所测管道上没有流量计的，优先使用相邻关系的系统的流量（或者相邻关系的流量表）通过数学换算关系测算出对应的流量，然后反向验证准确性。

4）所测的管道上没有流量计，相邻关系的系统的流量不容易换算得出结果的，可以采用便携式流量表多次测量取平均值。

（2）测点参考。水平衡试验过程中，水源及预处理系统主要测点与试验方法选择可参考表 4-1。

表 4-1　　水源及预处理系统主要测点与试验方法

系统名称	主要测点	试验方法
水源及预处理系统	水源 1 取水流量	方法 1
	水源 2 取水流量	方法 1
	城市中水取水流量	方法 1
	其他水源取水流量	方法 1
	原水预处理进水流量	方法 1 或方法 2
	原水预处理排水流量	方法 5

2. 锅炉补给水处理系统

补给水处理系统主要工艺流程：清水池→清水泵→双介质过滤器→自清洗过滤器→超滤装置→超滤水箱→反渗透→一级除盐→混床→除盐水箱→除盐水泵→主厂房。超滤采用死端过滤方式运行，系统产生废水主要为：双介质过滤器反洗排水、超滤反洗废水、反渗透浓水及冲洗废水、一级除盐阳床再生废水、一级除盐阴床再生废水、混床再生废水。反渗透浓水利用余压通过管道就近输送至工业水池；超滤反洗排水，双介质过滤器反洗水，阴、阳、混床酸碱再生废水通过地沟排至室外中和水池，中和后通过废水泵排至工业废水处理站处理，系统流程图如图 4-2 所示。

（1）试验要点。

1）补给水处理系统数据主要是统计过去 6 ~ 12 个月的用水情况，主要以统计为主，试验为辅。通常水处理系统的流量测点比较完善，电厂的数据报表比较完整，优先采用电厂的数据。再生系统的用水耗量，根据规程，结合水平衡试验期间某天电厂再生的实际情况，对其进行比对性的试验，从而确定再生一次废水的排放量，与实际的统计作比对。

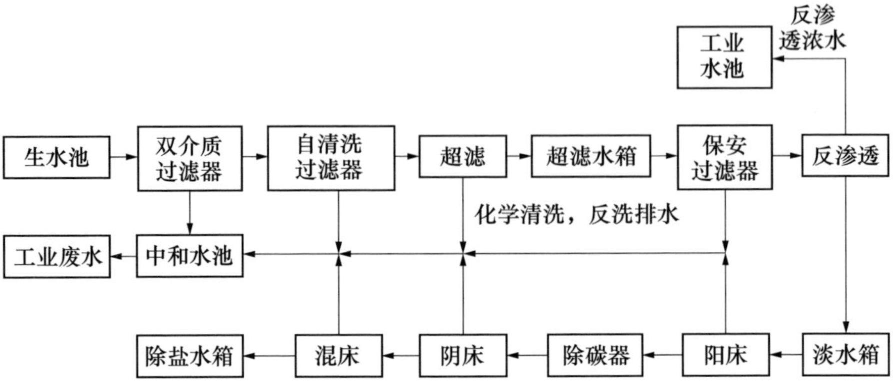

图 4-2　锅炉补给水处理系统流程图

2）由于电厂补给水处理系统的特殊性，补给水系统数据原则上不需要花大量的时间去试验。

3）再生或者过滤器反洗的水量，主要根据规程步序的流量和时间，估算每次的用水量，然后结合报表的数据以及现场便携式表测量的数据综合之后作为最后的数据。也可以通过规程结合在线流量计数据公式换算，还可以辅助水表累计计量或采用容积法测量。

4）膜系统的反洗排水流量数据可以辅助膜系统的回收水量等统计计算。

（2）测点选择。水平衡试验过程中，补给水处理系统主要测点与试验方法选择可参考表 4-2。

表 4-2　　补给水处理系统主要测点与试验方法

系统名称	主要测点	试验方法
锅炉补给水制水系统	制水系统进水流量	方法 1
	各种过滤器进口流量（包括多介质过滤器、活性炭过滤器、高效过滤器等）	方法 1 或方法 2
	各种过滤器反洗流量（包括多介质过滤器、活性炭过滤器、高效过滤器等类型）	方法 2 结合运行报表，了解运行规律
	超滤进水流量	方法 1 或方法 2

续表

系统名称	主要测点	试验方法
锅炉补给水制水系统	超滤产水流量	方法 1 或方法 2
	超滤反洗流量	方法 2 结合运行报表
	超滤排水流量	方法 1 或方法 2
	反渗透进水流量	方法 1 或方法 2
	反渗透产水流量	方法 1 或方法 2
	反渗透浓水流量	方法 1 或方法 2
	反渗透冲洗水流量	方法 2 结合运行报表
	离子交换系统进水流量	方法 1 或方法 2
	酸碱再生废水流量	方法 5 结合运行报表，了解运行规律
	除盐水流量	方法 1 或方法 2

3. 循环水及开式水系统

某电厂循环水及开式水系统主要工艺流程：每台机组循环水系统主要由凝汽器、两台循环水泵、一座逆流式自然通风冷却塔、加药系统组成，采用单元制供水系统。两台机组循环水系统循环管道设置联通门，两台机组循环水泵可以相互备用。机组低负荷时，启动低速循环水泵运行。工业水经工业水升压泵为全厂开式水用户提供备用水源，系统流程图如图 4-3 所示。

（1）试验要点。

1）多数循环水系统配置的在线表计数量有限，本系统的流量测量主要以便携式流量表为主，循环水泵的流量可以通过集控室的 DCS 查询，也可以通过热量平衡计算。

2）循环水排水不是连续排放，采用便携式流量表测量意义不大，通过水处理报表的浓缩倍数逆向计算即可。

3）脱硫系统补充循环水排水，如果没有计量表的，可以采用便携式流量表测量，辅助脱硫塔的液位计算校核测量的准确性。

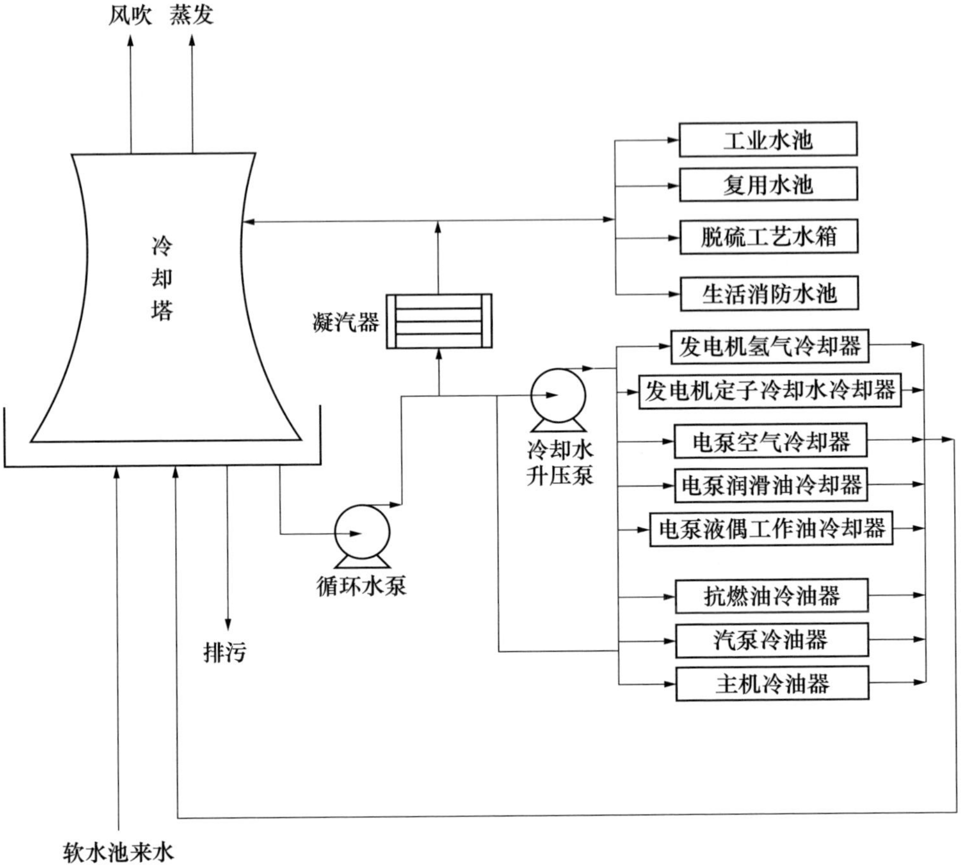

图 4-3　循环水及开式水系统流程图

（2）测点选择。水平衡试验过程中，循环水系统主要测点与试验方法选择可参考表 4-3。

表 4-3　　　　循环水系统主要测点与试验方法

系统名称	主要测点	试验方法
循环水系统	循环水量	方法 2 或通过热量平衡方程计算
	冷却塔各路补水量	方法 1 或方法 2
	冷却塔蒸发、风吹损失量	方法 9
	冷却塔排水量	方法 9

4. 工业水系统

某电厂工业水系统主要工艺流程：由一个工业水池、两台过滤水泵、三台冷渣水泵、三台工业水泵组成。水源来自软水池、循环水排污水和部分空气压缩机回水，主要供给生活消防水池、福利区生活水及全厂工业用水。系统流程图如图 4-4 所示。

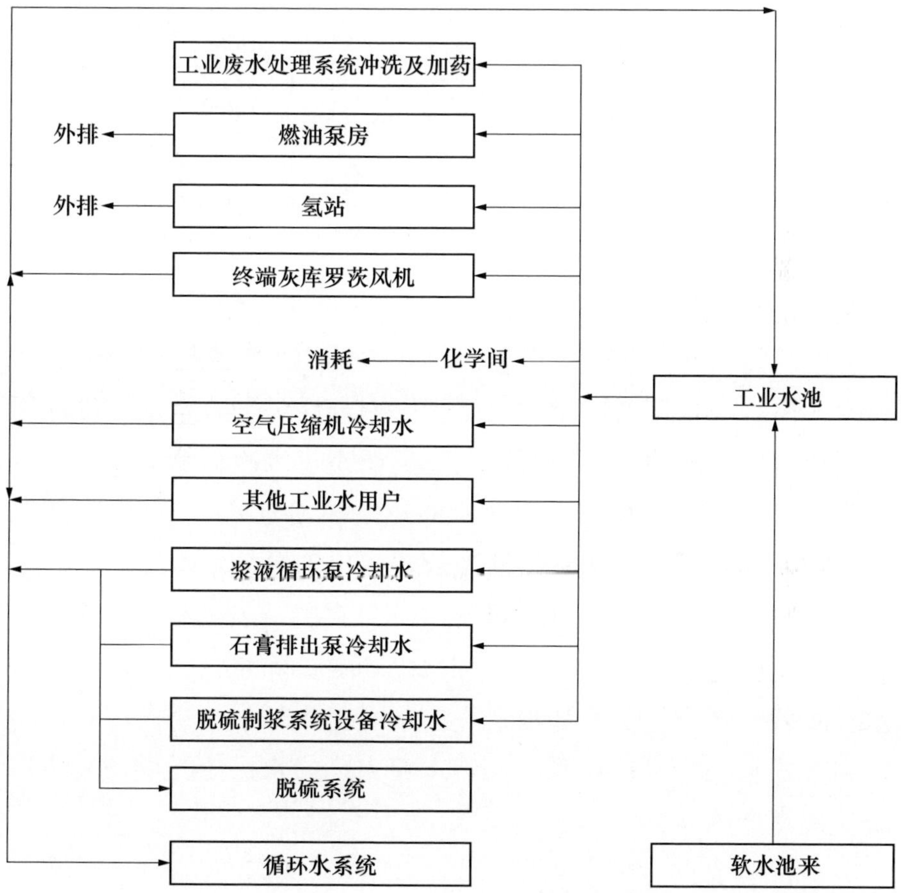

图 4-4 工业水系统流程图

（1）试验要点。

1）工业水系统各支路大多数不配置在线流量计，水平衡试验期间需要根据系统运行工况的不同，采用便携式流量表测定流量，分时段多次测量，最后取平均值，必要时采用累计流量值计算出平均值。

2）工业水系统是水平衡试验工作量最大的系统之一，工业水系统不宜根据压力值计算流量数据，误差很大。

（2）测点选择。水平衡试验过程中，工业水系统主要测点与试验方法选择可参考表 4-4。

表 4-4　　工业水系统主要测点与试验方法

系统名称	主要测点	试验方法
工业水系统	汽轮机侧工业水系统各设备冷却水流量	方法 2
	锅炉侧工业水系统各设备冷却水流量	方法 2
	脱硫工业水系统各设备冷却水流量	方法 2
	其他工业水系统冷却水流量	方法 2

5. 闭式水系统

某电厂闭式水主要工艺流程：闭式水系统水源来自化学除盐水和凝结水，由闭式水箱通过闭式水泵升压提升后供闭式水用户冷却用，主要用户有：闭式循环热交换器、发电机定子水冷却器、真空泵工作水及密封水、氢气干燥器、凝结水泵电动机冷却水、EH 油冷却器、空侧密封油冷却器、氢侧密封油冷却器、电前泵轴承冷却水、电动给水泵密封及冷却水、汽动给水泵密封冷却水、供热液压站油冷却器、炉水泵电动机冷却水、炉水泵冲洗水冷却器、除氧器循环水泵轴承冷却水、高调节阀油动机冷却水、汽前泵密封冷却水。用户冷却后冷却水回到闭式水回水母管。凝结水储水箱为闭式水系统提供备用水源。系统流程图如图 4-5 所示。

（1）试验要点。

1）闭式水系统大多数补充除盐水，也有补充凝结水，如果补充除盐水，水平衡试验系统划分时把闭式水系统作为除盐水系统的子系统。

2）闭式水系统一般不泄漏，现场试验应积极与电厂交流沟通，根据平时的运行情况来判断。如果水平衡试验是为废水零排放可研服务的，假如没有泄漏，闭式水系统可以不再测量各子系统，可参照水工专业的全厂水平衡图绘制要求即可，如果是一般水平衡试验也可以分别测量各子系统。

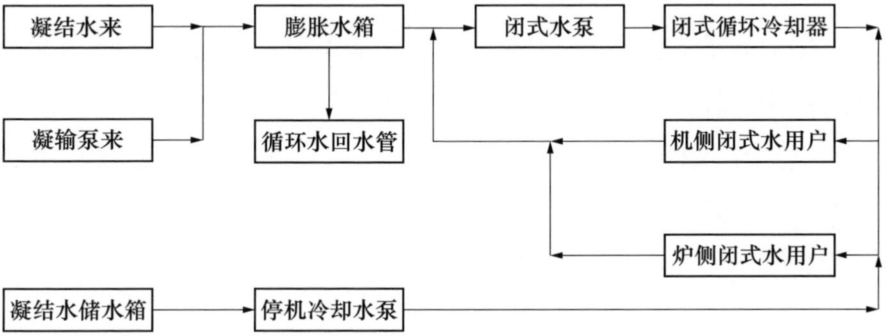

图 4-5　闭式水系统流程图

（2）测点选择。水平衡试验过程中，闭式水系统主要测点与试验方法选择可参考表 4-5。

表 4-5　　闭式水系统主要测点与试验方法

系统名称	主要测点	试验方法
闭式水系统	闭式水系统换热器出口流量	方法 2
	闭式水系统各冷却用户流量	方法 2
	闭式水系统膨胀水箱补水流量	方法 2（累计）

6. 消防水系统

某电厂消防水系统主要工艺流程：消防水系统水源来自工业水池及循环水排污水，循环水排污水经过电动消防泵和消防稳压泵提升进入消防水管网，供全厂消防水用户使用。系统流程图如图 4-6 所示。

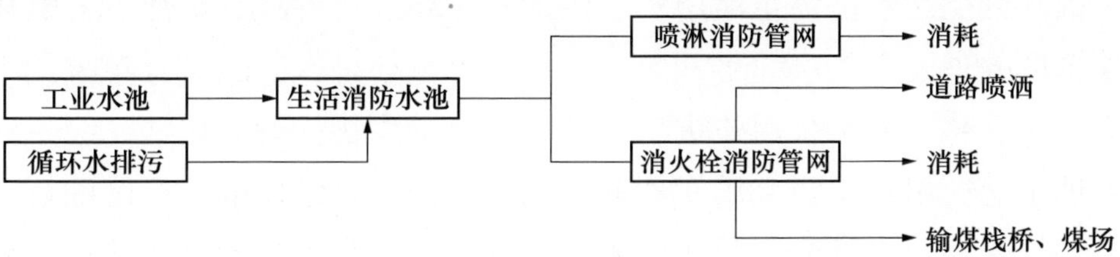

图 4-6　消防水系统流程图

（1）试验要点。

1）消防水系统如果没有泄漏，通常来说现场可以不做测量，根据补水的情况统计计算即可。如果消防水有被用来打扫卫生或者其他用途，使用便携式流量表测量，由于消防水属于流量不稳定的系统，尽量以在线表计数据为准。

2）消防水系统不属于节水改造的全厂水平衡图的内容，用作节水可研改造时，不显示消防水系统内容。

3）消防水系统现场不测任何子系统，只测量泵出口或者入口的流量即可。

4）如果是老电厂，消防水和生活水在一起的，可认为消防水系统用水为 0。

5）消防水系统的跑、冒、滴、漏不是水平衡试验的内容。

（2）测点选择。水平衡试验过程中，消防水系统主要测点与试验方法选择可参考表 4-6。

表 4-6　　　　消防水系统主要测点与试验方法

系统名称	主要测点	试验方法
消防水系统	消防水稳压泵出口流量	方法 2 或方法 4
	电动消防泵出口流量	方法 2 或方法 4
	消防水回流流量	方法 2 或方法 4

7. 生活水及生活污水处理系统

某电厂生活水及生活污水处理系统主要工艺流程：生活用水水源来自工业水池的工业水及循环水排污水，经福利区生活水泵升压后送至福利区生活水塔供生活用水。生活水主要经过混凝、过滤、二氧化氯杀菌处理。

厂区生活污水采用先进、成熟、可靠的生物接触氧化法二级生化处理工艺，出水各项水质指标能达到污水排放一级标准。厂区除行政办公楼生活用水外全部收集至生活污水处理系统，福利区生活污水外排。系统流程图如图 4-7 所示。

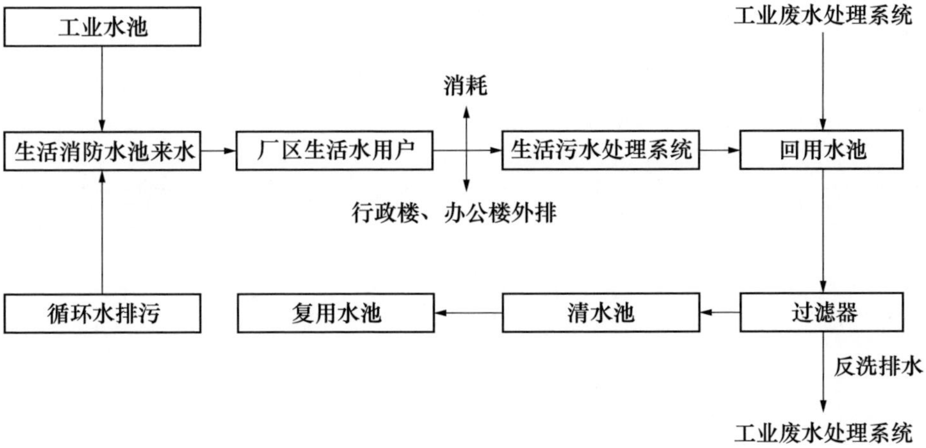

图 4-7 生活水及生活污水处理系统流程图

（1）试验要点。

1）生活水系统补充自来水，以自来水用水统计为主，也可以辅助便携式流量表测量检查管网是否有泄漏。

2）生活污水处理系统安装有在线表计，以在线表为准，没有在线表计的，通过便携式流量表测量。

（2）测点选择。水平衡试验过程中，生活水及生活污水处理系统主要测点与试验方法选择可参考表 4-7。

表 4-7 生活水及生活污水处理系统主要测点与试验方法

系统名称	主要测点	试验方法
生活水及生活污水系统	厂区生活水流量	方法 1 或方法 2
	厂外生活区生活水流量	方法 1 或方法 2
	生活污水处理装置进水流量	方法 1 或方法 2
	生活污水处理装置出水流量	方法 1 或方法 2

8. 输煤用水及含煤废水处理系统

某电厂含煤废水处理系统主要工艺流程：输煤系统冲洗水源补充为复用水、含煤废水来自输煤系统给排水专业煤场排水和主厂房皮带层排水，废水进入集中处理，后经混凝、沉淀、加药处理后循环使用，系统流程图如图 4-8 所示。

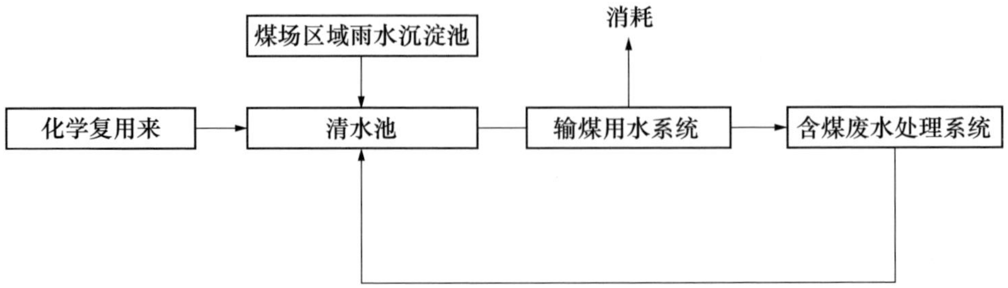

图 4-8　输煤用水及含煤废水处理系统流程图

（1）试验要点。

1）含煤废水处理系统测量主要以补水的测量为主。

2）如果是闭式运行的含煤废水处理系统，有些电厂改造之后输煤系统几乎不排水，全部用于冲洗或喷洒，测量时可根据实际情况具体分析。

（2）测点选择。水平衡试验过程中，输煤用水及含煤废水处理系统主要测点与试验方法选择可参考表 4-8。

表 4-8　输煤用水及含煤废水处理系统主要测点与试验方法

系统名称	主要测点	试验方法
输煤用水及含煤废水处理系统	煤场喷淋用水流量	方法 2
	输煤系统冲洗用水流量	方法 2
	含煤废水处理站进水流量	方法 1 或方法 2
	含煤废水处理站出水流量	方法 1 或方法 2
	含煤废水处理站清水池补水流量	方法 2

9. 脱硫系统

某电厂脱硫岛工艺用水水源采用机组化学复用水。工艺水系统满足 FGD 装置正常运行和事故工况下脱硫工艺系统的用水。工艺水共分两路，一路为除雾器冲洗水，由除雾器冲洗水泵供给，其主要作用为吸收塔上部除雾器冲洗用水和吸收塔补水。另一路为工艺水，由工艺水泵供给，其主要作用为所有浆液输送设备、输送管路、贮存箱的冲洗用水（间断）。

脱硫产生的废水采用中和（碱化）、絮凝处理后，送至澄清/浓缩器，出水在最终中和/氧化箱内加酸调节 pH，达标后废水用于电厂灰渣拌湿或输送至工业废水浓缩池处理。澄清/浓缩池底部排泥经污泥输送泵送至工业废水离心脱水机脱水后泥饼外运。系统流程图如图 4-9 所示。

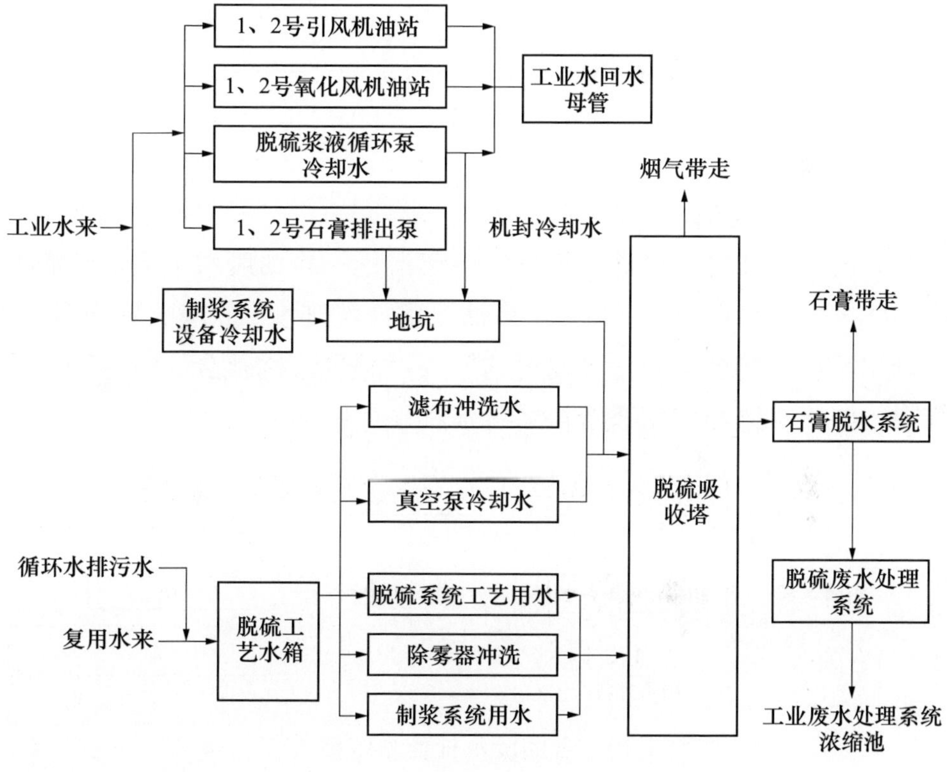

图 4-9　脱硫系统流程图

（1）试验要点。

1）脱硫系统水平衡数据试验和统计并重。

2）工业水、工业废水至工艺水箱补水，多数有计量表计，优先采用在线表计数据，如果没有流量表计时首要是结合液位计算，最后才是流量测量校核。

3）脱硫废水流量以及脱硫废水处理量应通过运行报表统计、在线表计以及便携式流量表测量综合确定。

（2）测点选择。水平衡试验过程中，脱硫系统主要测点与试验方法选择可参考表 4-9。

表 4-9　　　　脱硫系统主要测点与试验方法

系统名称	主要测点	试验方法
脱硫系统	脱硫工业水箱补水流量	方法 1 或方法 2
	脱硫工艺水箱补水流量	方法 1 或方法 2
	脱硫废水流量	方法 1 或方法 2 结合运行报表，了解运行规律

10. 含油废水处理系统

某电厂含油废水处理系统主要工艺流程：含油废水主要来自油罐区冲洗排水、油罐区雨水排水、燃油泵房冲洗排水、夏季油罐降温水、部分主厂房机组检修含油废水等。其中除油泵房含油废水回收处理外，其余含油废水排至雨水系统。系统流程图如图 4-10 所示。

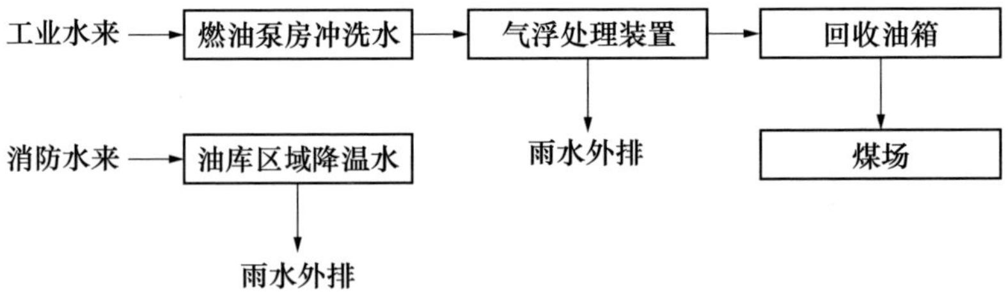

图 4-10　含油废水处理系统流程图

（1）试验要点。

1）大多数电厂的含油废水是单独的系统，本系统不是试验的重点。即使是改造也仍然是改成独立系统。

2）由于含油废水处理系统不是连续运行，系统主要是统计平均为主，便携式流量表测量为辅。

（2）测点选择。水平衡试验过程中，含油废水处理主要测点与试验方法选择可参考表 4-10。

表 4-10　　含油废水处理主要测点与试验方法

系统名称	主要测点	试验方法
含油废水系统	油库喷淋及其他用水量	方法 2 或方法 5

11. 除灰渣系统

某电厂除灰渣系统主要工艺流程：除灰渣系统采用干除渣、干除灰方式，灰经拌湿后拉至灰场，灰场设有抑尘喷淋管。水源来自工业废水处理系统出水监督池来水和复用水来水。系统流程图如图 4-11 所示。

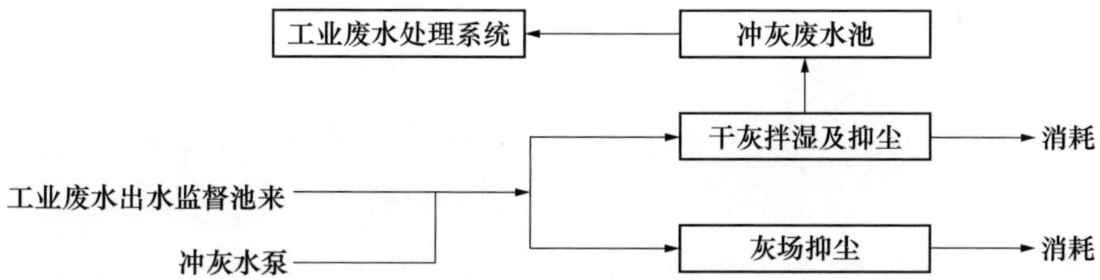

图 4-11　除灰渣系统流程图

（1）试验要点。

1）除灰渣系统的补水流量主要是便携式流量表测量为主。

2）除灰渣系统一般不连续冲渣，因此冲渣水流量的测量主要是通过测量瞬时值取平均数，也可以通过统计得出。

（2）测点选择。水平衡试验过程中，除灰渣系统主要测点与试验方法选择可参考表 4-11。

表 4-11　　除灰渣系统主要测点与试验方法

系统名称	主要测点	试验方法
除灰渣系统	渣斗补水量	方法 2
	冲渣水流量	方法 5
	回收水池补水流量	方法 2
	灰库调湿补水流量	方法 5

12. 工业废水处理系统

某电厂工业废水处理系统根据废水水质及种类确定，按照酸碱废水、含泥废水、经常性和非经常性废水分别予以收集，然后集中处理，采用曝气、加氯型氧化剂降低有机物；加酸碱调节 pH 值；混凝澄清处理系统处理后清水重复利用。澄清池的排泥水收集后送至泥浆浓缩池浓缩，浓缩池的排泥送至脱水机脱水，脱水后的泥饼由汽车外运。系统流程图如图 4-12 所示。

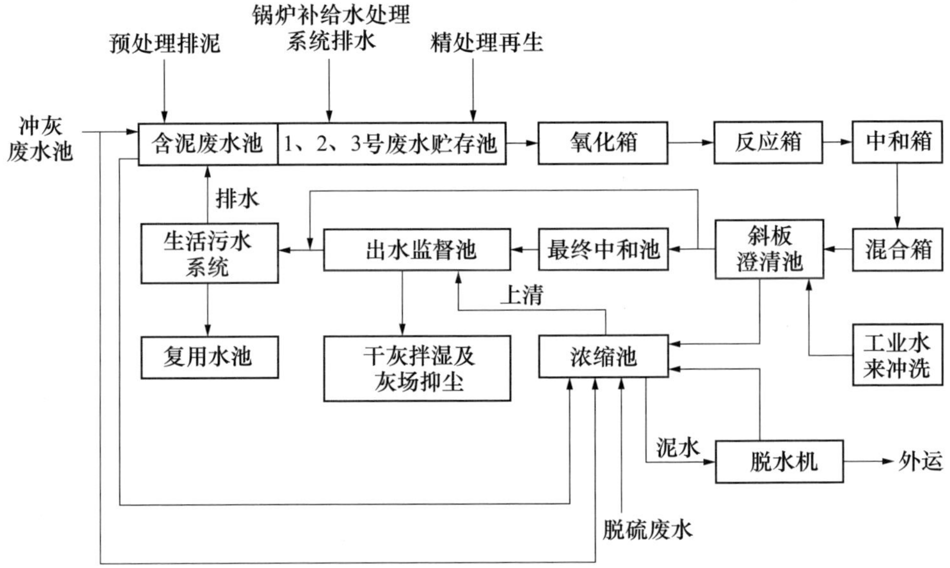

图 4-12　工业废水处理系统流程图

（1）试验要点。精处理再生系统、水处理再生系统废水量，原则上不采用表计测量，结合规程中再生步序统计每次再生的废水量，再利用电厂的运行报表，折算出单位时间的排放量。

（2）测点选择。水平衡试验过程中，工业废水处理系统主要测点与试验方法选择可参考表 4-12。

13. 热力循环系统

某电厂热力循环系统主要用水工艺流程：除盐水通过除盐水泵输送到主厂房后作为凝补水箱补水、凝结水精处理系统再生用水、发电机定冷水补水、凝结水泵机封水、水环式真空泵分离器补水及凝汽器补水等，以保证机组汽水循环系统的正常运行。机组汽水循环系统的水量损失主要有：机组汽水损失、锅炉排污取样、闭式水系统等。其中锅炉排污水排至定期排污容器经过工业水冷却后外排至雨水系统。系统流程图如图 4-13 所示。

表 4-12　工业废水处理系统主要测点与试验方法

系统名称	主要测点	试验方法
工业废水处理	化学车间废水流量	方法 5
	精处理系统再生废水流量	方法 5
	机组排水槽废水流量	方法 5
	其他废水流量	方法 5

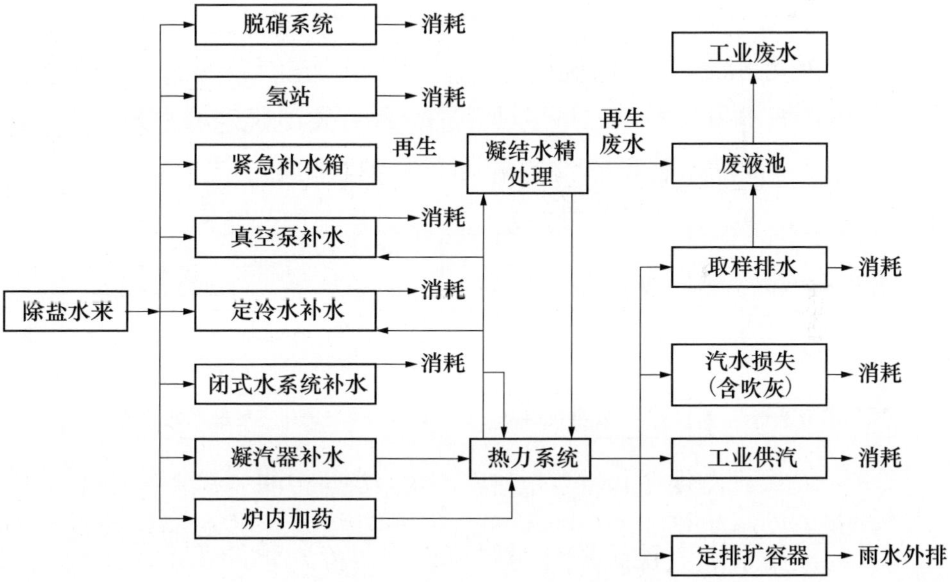

图 4-13　热力循环系统流程图

（1）试验要点。

1）主厂房的对外供气量的数据，主要通过统计确定。

2）锅炉排污水，可以通过统计推算，也可通过公式计算，还可以通过系统相邻关系换算确定。

3）系统其他流量的测量主要以集控的表计为主。

（2）测点选择。水平衡试验过程中，热力循环系统主要测点与试验方法选择可参考表 4-13。

表 4-13　　　热力循环系统主要测点与试验方法

系统名称	主要测点	试验方法
热力循环系统	除盐水至主厂房流量	方法 1
	凝汽器热井补水流量	方法 1 或方法 2
	凝结水精处理用除盐水流量	方法 2 结合运行报表，了解运行规律
	锅炉排污水流量	方法 3 或根据公式计算
	其他除盐水流量	方法 2
	对外供气量	统计报表

14. 发电机定冷水系统

某电厂发电机定冷水系统主要工艺流程：发电机定冷水系统用水由除盐水提供，凝结水补水作为备用水源。除盐水进入定冷水箱，由定冷水泵输送至定冷水处理装置供给发电机组。系统流程图如图 4-14 所示。

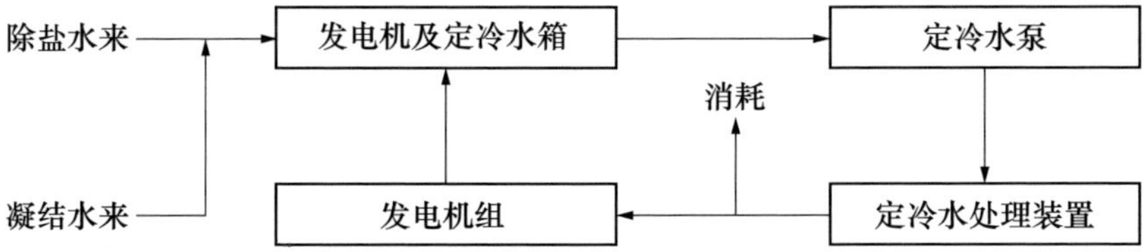

图 4-14　发电机定冷水系统流程图

（1）试验要点。系统划分时候可以作为除盐水的子系统。

（2）测点选择。水平衡试验过程中，发电机定冷水系统主要测点与试验方法选择可参考表 4-14。

表 4-14　　　发电机定冷水系统主要测点与试验方法

系统名称	主要测点	试验方法
定冷水系统	定冷水系统换热器出口流量	方法 1
	定子冷却水箱补水流量	方法 2（累计）

五、总结

分系统测量应根据现场情况选择对应的测量方法，不必要照搬上述方法，上述方法主要是给测试人员和学习人员提供参考和指导。

第五章

水平衡试验作业指导书

一、作业指导书封面

××公司

水平衡试验作业指导书

××-××-××

编　写：

审　核：

批　准：

二、作业指导书目录

目　　录

一、试验参数、依据及适用范围……………………………×
二、试验目的……………………………………………………×
三、准备工作……………………………………………………×
四、安全及环境控制要求………………………………………×
五、试验内容及方法……………………………………………×
六、数据采集及处理……………………………………………×
七、原始记录及报告……………………………………………×
八、样品及试验结束处置………………………………………×
九、附图及附表…………………………………………………×

三、作业指导书正文

水平衡试验作业指导书

一、试验参数、依据及适用范围

水平衡试验是对电厂各种取水、用水、排水、耗水量进行测量，分析全厂水量分配、消耗及排放之间的平衡关系，查清电厂用水现状，绘制出全厂水平衡图，正确地评价电厂的用水水平，并提出该电厂节约用水的合理化建议，给出预期的节水效果及优化后的全厂水平衡图。

水平衡试验内容主要包括：取水量、单位发电量取水量、循环水量、排水量、单位发电量耗水量、废水回用率、耗水量、总排水量、总用水量、复用水量、串用水量、回用水量、重复利用率、锅炉补水率、汽水损失率、锅炉排污率等。

本作业指导书主要适用于电厂（燃煤机组及燃气机组）全厂水平衡试验，其他类型电厂的相关水平衡试验可参考使用，详见表 5-1。

表 5-1　测量参数及依据

<table>
<tr><th colspan="2">参数</th><th colspan="2">依据标准（方法）</th></tr>
<tr><th>序号</th><th>名称</th><th>名称</th><th>标准号</th></tr>
<tr><td rowspan="3">1</td><td rowspan="3">单位发电量取水量</td><td>火力发电厂能量平衡导则　第 5 部分：水平衡试验</td><td>DL/T 606.5</td></tr>
<tr><td>取水定额　第 1 部分：火力发电</td><td>GB/T 18916.1</td></tr>
<tr><td>节水型企业　火力发电行业</td><td>GB/T 26925</td></tr>
<tr><td>2</td><td>回用水量</td><td rowspan="11">火力发电厂能量平衡导则　第 5 部分：水平衡试验</td><td rowspan="11">DL/T 606.5</td></tr>
<tr><td>3</td><td>串用水量</td></tr>
<tr><td>4</td><td>循环水量</td></tr>
<tr><td>5</td><td>复用水量</td></tr>
<tr><td>6</td><td>总用水量</td></tr>
<tr><td>7</td><td>总排水量</td></tr>
<tr><td>8</td><td>耗水量</td></tr>
<tr><td>9</td><td>重复利用率</td></tr>
<tr><td>10</td><td>排放水率</td></tr>
<tr><td>11</td><td>不平衡率</td></tr>
<tr><td>12</td><td>单位发电量耗水量</td></tr>
<tr><td rowspan="2">13</td><td rowspan="2">废水回用率</td><td>火力发电厂能量平衡导则　第 5 部分：水平衡试验</td><td>DL/T 606.5</td></tr>
<tr><td>节水型企业　火力发电行业</td><td>GB/T 26925</td></tr>
<tr><td rowspan="2">14</td><td rowspan="2">汽水损失率</td><td>火力发电厂能量平衡导则　第 5 部分：水平衡试验</td><td>DL/T 606.5</td></tr>
<tr><td>电力节能技术监督导则</td><td>DL/T 1052</td></tr>
<tr><td>15</td><td>循环水排污水回用率</td><td>节水型企业　火力发电行业</td><td>GB/T 26925</td></tr>
</table>

二、试验目的

本作业指导书旨在规范火电厂水平衡试验的方法，实现标准化操作。

三、准备工作

1. 人员

水平衡试验项目需要3名及以上技术人员，每项参数的持证检测人员不少于2名，特种作业人员应持证上岗。

2. 仪器设备

所有出具检测数据的仪器仪表必须检定/校准合格，并在有效期内，若无法出具检定/校准结果，须进行内部校准，确认正常后方可使用，功能性设备须进行功能性检查，确保运转情况及使用功能正常。水平衡试验仪器设备详见表5-2。

表5-2　　水平衡试验仪器设备

序号	测量项目	量程要求	精度要求	常用仪器及型号	备注
1	管道流速	0～6m/s	1.0级	超声波流量计	
2	管道壁厚 H	1.0～225mm	±（1%H+0.1）mm	超声波测厚仪	
3	管道外径	0～5000mm	±2mm	钢卷尺	
4	水温	0～80℃	示值误差不大于满量程1%	表面温度计	
5	大气温湿度	20%～100；−30～50℃	精度k=2时，不确定度U≤2.0（%RH）	温湿度计	
6	时间	0～2h	示值误差不大于1s	机械秒表	

3. 仪器使用环境

现场检测环境应满足仪器设备的使用环境要求，水平衡试验仪器设备的使用环境要求详见表5-3。

表 5-3　　水平衡试验仪器设备使用环境要求

仪器名称	使用环境要求
超声波流量计	工作温度：−10 ~ +55℃；相对湿度≤95%
超声波测厚仪	操作温度：−20 ~ +50℃；相对湿度≤95%
钢卷尺	工作温度：−20 ~ +60℃；相对湿度≤98%
表面温度计	环境温度：−20 ~ +50℃；相对湿度≤95%
温湿度计	工作温度：−20 ~ 60℃；相对湿度≤98%
电子秒表	操作温度：−20 ~ +50℃；相对湿度≤95%

四、安全及环境控制要求

1. 主要危险源

试验开始前，须进行检测现场危险源辨识、风险评价工作，全厂水平衡试验的主要危险源辨识见表 5-4。

表 5-4　　全厂水平衡试验主要危险源辨识

序号	危险因素	可能导致的事故	现有控制措施	备注
1	在一些空间较小、凌空布置、缺少测量平台的管道上测量	高空坠落、高空坠物	测量前应搭设脚手架，并检查脚手架是否符合规范，经验收合格方可使用	
2	高空测量时安全带没有高挂低用，作业点没有挂安全带的位置，安全带挂在不固定的物体上	高空滑落、伤亡	正确使用完整的安全防护设备，定期对安全带进行检验	
3	主厂房测量时，长时间在高噪声环境作业	听力损伤	正确佩戴防噪声耳塞，同时尽量避免长时间在高噪声环境下作业	
4	用容积法测量水量	滑倒受伤、淋湿着凉	做好防滑及防淋措施	

续表

序号	危险因素	可能导致的事故	现有控制措施	备注
5	高温或寒冷季节作业	中暑或冻伤	做好防暑防寒措施，避免长时间在室外作业	
6	下阀门井或地下管道测量前未采取通风措施；井下单人作业，无监护人	中毒、窒息	下井作业前加强通风，确认通风良好情况下再进行作业，并有专人监护	
7	物体打击	伤、亡	测量时检查各紧固装置是否松动，确保紧固装置牢靠，测量时戴好安全帽，下方严禁站人	

2. 安全要求

工作人员必须严格遵守《安全生产法》《电力安全工作规程》及其他安全管理规定，按表5-5开展项目安全工作。

表5-5　　安全工作实施表

序号	工作项目	工作内容及要求	安全记录文件	备注
1	安全教育	完成安全教育和电厂安全教育并考试合格	项目安全教育记录	
2	安全防护	劳保防护用品齐全有效，并正确佩戴	—	
3	危险源辨识	对照表5-4与电厂人员一同对现场危险源进行辨识	危险源辨识与风险评价基础调查表	
4	安全会议	根据工作内容及现场存在的危险源，召开安全会议，并制定防范措施及应急预案	项目安全会议记录表 应急预案	
5	安全交底	根据安全会议内容进行技术、安全交底	作业安全交底记录	
6	安全检查	项目实施过程中，项目安全员全程进行安全监督和检查，对存在安全隐患提出整改要求，相关方须及时整改	安全检查记录	

3. 环境因素识别

水平衡试验对现场环境产生影响，须对影响现场环境的因素进行识别，并制定相应控制措施，具体按表5-6执行。

表5-6 环境因素识别表

序号	环境因素	环境影响	控制措施	环境识别文件	备注
1	废旧耦合剂	对检测现场卫生环境造成影响。对水体、土壤造成污染	检测结束后，对固体废弃物进行分类投放处理	环境因素识别调查/评价表	
2	卫生劳保用品				
3	废旧线材				

五、试验内容及方法

1. 试验前准备

（1）前期资料收集。

1）全厂装机容量、机组台数、投产日期及主要技术规范。

2）全厂各种水源（包括地表水、地下水、自来水、再生水等）情况，填写全厂水资源调查表5-7。

表5-7 全厂水资源调查表

序号	水源	供水能力（m^3/a）	供水管道规格（mm）	水质状况	取水量（m^3/a）	主要用途	水表	备注
用水定额指标：								
单位装机取水量：								

注 1. “水源”指地表水、地下水、自来水、再生水等。
2. “供水能力”栏内填写稳定供水能力等情况。
3. “水质状况”栏内填写来水含盐量、浊度、TOC、油含量等项目。
4. “水表”栏内填写一级水表类型及使用情况。

3）全厂取水、用水、排水情况，填写表 5-8 全厂近三年取水、用水、排水情况调查表。

表 5-8 全厂近三年取水、用水、排水情况调查表

年份	取水总量（万 m^3/a）	外排水总量（万 m^3/a）	废水回用水量（万 m^3/a）	年发电量（MWh）	单位发电量取水量（m^3/MWh）	复用水率（%）

注 取水总量和单位发电量取水量的计算不含直流冷却水量。

4）已采取的节水措施。

5）主要用水、排水、耗水设备台数和技术规范；全厂水系统管网和已安装的水流量仪表的位置，并了解各管道的材料以及内衬的材质，查明各管道的内径和外径。填写表 5-9 全厂主要水量计量仪表。

表 5-9 全厂主要水量计量仪表

流量计位置	流量计类型	数量	准确度等级

（2）划分水平衡试验体系。确定试验对象，划分水平衡试验体系，划出水平衡试验范围。正式试验前，应根据收集电厂资料及现场实际勘查情况进行系统划分，各系统可进一步划分成单项用水系统或用水设备。

（3）试验前文件准备。试验工作开始前应准备好相关项目文件，详见表 5-10。

表 5-10　　项　目　文　件

序号	文件名称	备注
1	试验技术协议或合同	详见表 5-11
2	试验大纲/方案	详见表 5-12
3	安全文件	详见表 5-5
4	环境因素识别文件	详见表 5-6
5	作业指导书	
6	原始数据记录表	

试验前应达成相关技术协议，协议内容详见表 5-11。

表 5-11　　技 术 协 议 内 容

序号	协议内容	备注
1	协议双方职责范围	
2	试验项目和计算方法	
3	试验项目、测点位置及数量	
4	机组负荷要求及试验期间的运行方式	
5	试验期间机组主要参数运行波动幅度	
6	试验原始记录和水样的处置	

试验前应编写试验大纲/方案，并经各方认可，内容至少包括表 5-12。

表 5-12　　试验大纲/方案内容

序号	试验大纲/方案内容	备注
1	试验目的	
2	试验条件及要求	
3	试验工况	
4	主要测点布置、仪表仪器及试验方法	
5	试验数据处理方法	

续表

序号	试验大纲/方案内容	备注
6	试验人员及组织	
7	试验日程及计划	

（4）仪器设备状态检查。

1）仪器邮寄应良好包装，至现场后，检查外包装及仪器外观，确定完好。

2）检测前确认设备已经有关部门检定合格，并在有效期内。

（5）检测测点检查。

1）检查全厂各种水源进水、排水的一级用水计量仪表配置情况，检查各系统及厂区生活水的二级用水计量仪表的配置情况，其配备率、合格率、检测率应满足试验要求，如不满足应建议电厂加装或检修用水计量仪表。

2）对其余检测测点进行检查，确定测点位置及数量是否满足试验要求，是否需要拆除保温、打磨或搭设脚手架。

（6）绘制用水流程图。

1）根据电厂资料及现场掌握的情况，绘制出用水流程图，包括一级系统、二级系统及三级系统或重要装置设备的用水流程图。用水流程图基本图示见图 5-1。

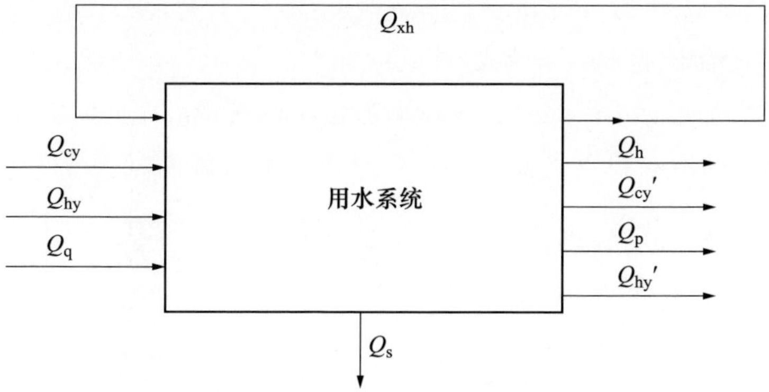

图 5-1 用水流程图基本图示

水平衡方程式

$$Q_q + Q_{cy} + Q_{hy} = Q_p + Q_h + Q'_{hy} + Q'_{cy} + Q_s \quad (1)$$

式中 Q_q——取水量，即从各种水源提取的水量，m^3/h；

Q_{cy}、Q'_{cy}——串用水量，即在水质、水温满足要求的条件下，前一系统的排水被直接作为另一系统补充水的水量，m^3/h；

Q_{hy}、Q'_{hy}——回用水量，即生产过程中已经使用过的水，其水质、水温再经过适当处理后被回收利用于其他系统的水量，m^3/h；

Q_h——耗水量，即水在使用过程中因蒸发、飞散、渗漏、风吹、污泥和灰渣携带、绿化等形式消耗掉的各种水量，m^3/h；

Q_p——排水量，即向外部排放的水量，m^3/h；

Q_s——漏失水量，即系统漏失的水量，m^3/h。

图 5-1 中 Q_{xh} 为循环水量，即在系统中用过的水经过适当处理后，仍用于原工艺流程形成循环回路的水量，m^3/h。

2）在水量试验时，如发现用水流程图和实际情况不符，应对用水流程图进行及时修正和调整。

2. 试验原则

试验原则参考第一章“三、试验原则”。

3. 测点布置

水平衡试验测点布置应根据现有水系统图及系统改造的实际情况，并进行现场确认试验的全部测点位置与数量。试验主要测点参照第四章，现场试验中应根据现场实际情况对系统测点进行适当增减。

4. 测量方法

（1）流量测量方法。流量测量方法参照第二章“一、水量辅助测量”。

（2）试验方法的选择。试验方法参照第四章“二、流量测量方法”。

（3）检测项目。先对试验中用到的主要流量表计进行流量比对并记录。根据电厂提供的技术资料及现场勘查情况，把全厂水系统划分成若干个二级水平衡试验系统。试验按照划分的二级水平衡试验系统逐个进行，对某个二级系统进行试验时，该系统保持稳定运行，测量时间持续一个用水周期（满足现场试验时间6~8h）。试验过程中主要对下述水量和其他参数进行测量和计算：

1）全厂取水量、总用水量、复用水量、循环水量、串用水量、回用水量、耗水量等。

2）全厂各类废（污）水水量、废水回收量、全厂总排水量及水质（包括各类排水量及水质）。

3）渣含水率。

4）循环水系统冷却塔的蒸发损失量、风吹损失量和排污损失量、环境温度。

5）机、炉侧辅机各设备冷却水量，填写超声波管道法原始数据记录表、容积法原始数据记录表。

6）冲灰灰水比及灰水回收量、脱硫脱硝用水量、输煤系统用水量。

7）化学水处理系统自用水率、锅炉补水率、汽水损失率。

8）汽包锅炉排污率。

9）全厂重复利用率、排放水率、废水回用率。

10）全厂发电量、发电取水量、单位发电量取水量及单位发电量耗水量。

11）绘制全厂水平衡图及分系统水平衡图等。

12）全厂用水运行方式优化调整及优化建议。

13）提出可行性节水措施和预计的节水效果，并绘制水平衡优化图。

14）综合水平衡试验结果，提出废水综合利用建议。

5. 相关计算

水平衡涉及的计算参考附录八。

六、数据采集及处理

1. 数据采集

（1）应按规定将所有观察情况和测量结果全部记录于检测专用表格中。

（2）由于某些原因（如测量系统非正常运行等）造成参考检测数据的失败，经检测负责人认可，此类数据可不必记录。

（3）原始数据记录表格应填写完整。

（4）对于持续时间较长的某些工况检测，需要更换检测人员时，应保证检测开始和结束时为同一检测人。

（5）数据采集方法及修约规则见表 5-13。

表 5-13　　数据采集方法及修约规则

序号	参数名称	数据采集方法	数据修约
1	取水量	仪表直接读数记录	结果保留 1 位小数
2	单位发电量取水量	根据有关公式计算	结果保留 2 位小数
3	串用水量	仪表直接读数记录	结果保留 1 位小数
4	回用水量	仪表直接读数记录	结果保留 1 位小数
5	循环水量	仪表直接读数记录	结果保留 1 位小数
6	复用水量	根据有关公式计算	结果保留 1 位小数
7	总用水量	根据有关公式计算	结果保留 1 位小数
8	总排水量	仪表直接读数记录	结果保留 1 位小数
9	耗水量	根据有关公式计算	结果保留 1 位小数
10	重复利用率	根据有关公式计算	结果保留 1 位小数
11	排放水率	根据有关公式计算	结果保留 1 位小数
12	不平衡率	根据有关公式计算	结果保留 2 位小数
13	单位发电量耗水量	根据有关公式计算	结果保留 2 位小数
14	废水回用率	根据有关公式计算	结果保留 2 位小数
15	汽水损失率	根据有关公式计算	结果保留 1 位小数
16	循环水排污水回用率	根据有关公式计算	结果保留 1 位小数

2. 数据处理计算

（1）水平衡数据的处理，应由单台设备到系统，再由系统到全厂。

（2）电厂水量的不平衡率 σ 应符合：全厂范围在 ±5%之内；各系统范围在 ±4%之内；各用水设备和设施在 ±3%之内。

（3）计算试验期间全厂每台运行机组的平均负荷、总平均负荷、机组负荷率、总负荷率，填写全厂机组负荷情况表 5-14。

表 5-14　　全厂机组负荷情况表

项目名称	单位	机组编号 1	机组编号 2	机组编号 3	机组编号 4
机组平均负荷	MW				
总平均负荷	MW				
机组发电容量	MW				
全厂发电容量	MW				
机组负荷率	%				
总负荷率	%				

（4）计算全厂总用水量、取水量、复用水量、耗水量、排水量，全厂各类用水所占的比率，填写全厂各类用水情况表 5-15。

表 5-15　　全厂各类用水情况表

名称	取水量（m^3/h）	复用水量（m^3/h）	回用串用水量（m^3/h）	总用水量（m^3/h）	重复利用率（%）
名称	总排水量（m^3/h）	耗水量（m^3/h）	排放水率（%）	净补水量（m^3/h）	占总取水量（%）

注　1. 取水量可根据火电厂实际取水种类进行细分。
2. 净补水量=取水量+其他系统回用至本系统的水量－本系统回用至其他系统的水量。

（5）计算全厂复用水率、排放水率、锅炉补水率、发电取水量、单位发电量取水量、灰水比、废水回收率等指标。

（6）计算全厂可串用的水量、经简单处理或降温即可回用的水量、必须经过深度处理才能回用的水量。

（7）绘制各分系统水平衡图、全厂水平衡图、全厂水平衡优化图。水平衡图应能反映出各用水系统水的来源、类别（取水、复用水、除盐水、排放水、蒸发、泄漏等）、用水系统或设备的名称、回用废水的处理设施、简单工艺流程和水的流向，同时应标出各节点水的流量。

3. 数据结果评价

（1）数据结果评价范围。数据结果评价应包括全厂用水指标的评价、主要生产用水系统的评价及非生产用水评价等三个方面。

（2）全厂用水指标的评价内容。

1）对单位发电量取水量、重复利用率、排放水率、废水回用率等指标进行分析、对比。单位发电量取水量、重复利用率指标可结合 GB/T 18916.1、GB/T 26925 等进行综合评价。取水定额指标见表 5-16～表 5-18。

表 5-16　现有火力发电企业单位发电量取水定额指标　m^3/MWh

类型	机组冷却方式	机组容量	单位发电量取水量
燃煤发电	循环冷却	＜300MW	3.20
		300MW 级	2.70
		600MW 级	2.35
		1000MW 级	2.00
	直流冷却	＜300MW	0.72
		300MW 级	0.49
		600MW 级	0.42
		1000MW 级	0.35

续表

类型	机组冷却方式	机组容量	单位发电量取水量
燃煤发电	空气冷却	＜300MW	0.80
		300MW 级	0.57
		600MW 级	0.49
		1000MW 级	0.42
燃气-蒸汽联合循环	循环冷却	＜300MW	2.00
		300MW 级及以上	1.50
	直流与空气冷却	—	1.40

注　1. 现有机组按年度确定统计期。

2. 表中未列出的机组容量级别，参照低一档容量级别定额。

3. 供热机组取水量可在本定额的基础上增加因对外供热、供汽不能回收而增加的取水量。

4. 当机组采用再生水时，再生水部分在本定额的基础上进行调整（表中的定额值与调整系数的乘积即为采用非常规水机组的定额值）：

（1）循环冷却机组调整系数为 1.2。

（2）空气冷却机组调整系数为 1.1。

（3）直流机组不予调整。

表 5-17　　新建或扩建火力发电企业取水定额指标　　m^3/MWh

类型	机组冷却方式	机组容量	单位发电量取水量
燃煤发电	循环冷却	＜300MW	1.85
		300MW 级	1.70
		600MW 级	1.65
		1000MW 级	1.60
	直流冷却	＜300MW	0.30
		300MW 级	0.28
燃煤发电	直流冷却	600MW 级	0.24
		1000MW 级	0.22

续表

类型	机组冷却方式	机组容量	单位发电量取水量
燃煤发电	空气冷却	＜300MW	0.32
		300MW 级	0.30
		600MW 级	0.27
		1000MW 级	0.24
燃气-蒸汽联合循环	循环冷却	＜300MW	1.00
		300MW 级及以上	0.90
	直流与空气冷却	—	0.20

注 1. 新建企业为本标准实施之日起，通过水资源论证的新建火力发电企业。其中，按年度进行取水量论证和核算。

2. 表中未列出的机组容量级别，参照低一档容量级别定额。

3. 供热机组取水量可在本定额的基础上增加因对外供热、供汽不能回收而增加的取水量。

4. 当机组采用再生水时，再生水部分在本定额的基础上进行调整（表中的定额值与调整系数的乘积即为采用非常规水机组的定额值）：

（1）循环冷却机组调整系数为 1.2。

（2）空气冷却机组调整系数为 1.1。

（3）直流机组不予调整。

表 5-18　　先进火力发电企业取水定额指标　　m^3/MWh

类型	机组冷却方式	机组容量	单位发电量取水量
燃煤发电	循环冷却	＜300MW	1.73
		300MW 级	1.60
		600MW 级	1.54
		1000MW 级	1.52
	直流冷却	＜300MW	0.25
		300MW 级	0.22
		600MW 级	0.20
		1000MW 级	0.19

续表

类型	机组冷却方式	机组容量	单位发电量取水量
燃煤发电	空气冷却	< 300MW	0.30
		300MW 级	0.23
		600MW 级	0.22
		1000MW 级	0.21
燃气-蒸汽联合循环	循环冷却	< 300MW	0.90
		300MW 级及以上	0.75
	直流与空气冷却	—	0.17

注　1. 表中未列出的机组容量级别，参照低一档容量级别定额。

2. 供热机组取水量可在本定额的基础上增加因对外供热、供汽不能回收而增加的取水量。

3. 当机组采用再生水时，再生水部分在本定额的基础上进行调整（表中的定额值与调整系数的乘积即为采用非常规水机组的定额值）：

（1）循环冷却机组调整系数为 1.2。

（2）空气冷却机组调整系数为 1.1。

（3）直流机组不予调整。

2）对全厂水系统进行分析、评价。指出存在的不合理用水，分析排放量大的主要原因以及管理上的薄弱环节。

（3）主要生产用水系统评价。

1）循环水系统的蒸发、风吹和排污损失水率的评价可参照 GB/T 50102 进行，并结合原水水质、补水处理方式、凝汽器管材以及除灰渣方式等多个因素对循环水处理方式和浓缩倍数进行评价。

2）锅炉补水率、排污率及汽水损失率等指标的评价可参照 DL/T 1052 进行评价。

一般情况下，机组的汽水损失率应符合下列要求：

a．600MW 级及以上机组应不大于锅炉额定蒸发量的 1.0%；

b．200～300MW 级机组应不大于锅炉额定蒸发量的 1.5%；

c．100～200MW（不含）机组应不大于锅炉额定蒸发量的 2.0%；

d．100MW 以下机组应不大于锅炉额定蒸发量的 3%。

3）废水处理系统运行状态及处理后废水回收利用情况等，可参照 GB/T 26925 进行评价。

4）闭式水系统补水率、供热输水管网补水率等指标可参照 DL/T 1052 进行。一般情况下，闭式辅机冷却水系统的补水率不应超过 0.5%，当发电企业负责对供热管网（一环网）管理并补水时，供热输水管网补水率应小于 0.5%。

5）其他生产用水系统的评价内容与设计指标进行比较。

（4）非生产用水系统评价。非生产用水包括生活用水及绿化景观用水等的评价。生活用水的评价可参照 GB/T 50331《城市居民生活用水量标准》、相应的地方标准及设计指标进行。绿化景观用水评价内容可与设计指标进行比较。

七、原始记录及报告

1. 原始记录

水平衡试验原始数据记录表包括超声波管道法原始数据记录表、容积法原始数据记录表、冷却塔蒸发水量原始数据记录表等。详见附录三～附录五。水平衡试验原始数据记录表格填写规范见表 5-19。

表 5-19　　原始数据记录表格填写规范

序号	原始数据记录表格名称	原始记录表格填写规范	备注
1	超声波管道法原始数据记录表	原始记录表格记录流量检测数据，填写试验位置、试验时段、累计流量、试验时段平均流量、平均流量等数据	（1）核实原始记录表格。 （2）将原始记录表头填写完整，对应表格填写对应数据。 （3）所有记录数据由检定/校准有效期内仪器设备检测得到。

续表

序号	原始数据记录表格名称	原始记录表格填写规范	备注
2	容积法原始数据记录表	原始记录表格记录流量检测数据，填写试验位置、试验时段、容器体积、时间、流量等数据	（4）记录人员保证记录数据真实可靠。 （5）不得随意涂改、丢弃原始记录表格。 （6）如有数据修改，须采用杠改方式，并签字确认。 （7）数据记录过程中随时关注仪器设备运行情况，避免记录无效数据。 （8）如检测过程中，检测仪表出现问题，则须待问题解决后重新检测，前期数据记录作废
3	冷却塔蒸发水量原始数据记录表	原始记录表格记录温度检测数据，填写试验位置、试验时段、机组负荷、冷却水进水温度、冷却水出水温度、环境温度等数据	

2. 报告

报告主要内容及填写规范见表5-20。

表5-20　　报告填写规范

序号	报告主要内容	填写规范	备注
1	封面	基于模板封面，准确填写项目/产品名称、委托单位、委托单位地址、报告出版日期	报告出版日期为批准人签字日期，该日期手写
2	摘要	简要介绍试验结论	结论应清晰
3	报告	按试验报告表格要求填写相关信息，要求信息填写完整。严格执行三级审核流程：报告编写人在检测处签名、项目负责人/专业技术负责人在审核处签名、授权签字人在批准处签名	注意检测依据标准信息，确认标准信息有效。签名时同时签署日期
4	结果	详细填写试验项目的试验结果、适用标准、说明	所有有效工况试验结果都须填写
5	附件	附录试验项目计算过程汇总	根据项目名称附对应的计算过程

八、样品及试验结束处置

水平衡试验中如涉及水质分析的，应按检测方法规定的操作保存水样，在水样有效期内送至相关检测部门进行分析化验。

水平衡试验结束后，应及时清理现场，并对超声波流量计、超声波测厚仪、探头等相关仪表设备进行清洁处理，清理干净后装入配套仪表箱中，现场不产生二次污染。

九、附图及附表

（1）试验工况下全厂水平衡图。

（2）优化后全厂水平衡图。

（3）全厂用水网络监测图。

（4）超声波管道法原始数据记录表。

（5）容积法原始数据记录表。

（6）渣含水率原始数据记录表。

（7）冷却塔蒸发水量原始数据记录表。

第六章

水平衡试验报告模板

一、报告封面

编号：××-××-××

××（季节）水平衡试验报告

项目名称：××××

委托单位：××××

试验日期　××年××月××日—

××年××月××日

××研究院

二、报告扉页

项目名称：××××

负责单位：××××

委托单位：××××

项目负责人：×××

主要参加人：×××

批　准：×××

审　核：×××

编　写：×××

（注：本页需要手写签名，并签注日期）

三、报告摘要

摘　　要

根据 DL/T 606.5《火力发电厂能量平衡导则　第 5 部分：水平衡试验》和 GB/T 12452《水平衡测试通则》，××年××月××日～××年××月××日对××公司各水系统取水、用水、耗水、排水状况进行调查和水平衡试验，明确了各用水系统现状及存在的问题，绘制出全厂水平衡图，并对试验期间用水状况进行评价，提出节约用水合理化建议，最后给出预期节水效果及优化后全厂水平衡图。

水平衡试验期间，主要试验结果：全厂平均取水量××，全厂总用水量××，全厂总耗水量××，全厂总排水量××，复用水率××。夏/冬季工况下，平均单位发电量取水量为××。

关键词：水平衡；取水；用水；节水优化

四、报告目录

目　　录

一、概述 ×
二、试验工况 ×
三、试验结果汇总 ×
四、试验结果评价 ×
五、节水建议 ×
六、水平衡优化 ×
七、结论 ×
八、附图 ×

五、报告正文

一、概述

1. 任务来源

2. 水平衡试验目的

3. 企业基本情况

（1）机组主要技术规范。

（2）供、排水系统：

1）供水系统；

2）排水系统。

（3）已有的节水措施。

二、试验工况

1. 试验原则

2. 试验技术依据

3. 试验项目、方法、仪器

（1）试验项目及内容。依据××电厂有关设计资料、系统图、规程等，××电厂水系统主要分为以下几个分子系统进行测量。根据试验大纲的要求，水平衡试验的内容如下：

1）供水系统各部分水量的测定与计算。

2）闭式水系统各部分水量的测定与计算。

3）化学除盐水系统水量的测定与计算。

4）工业水系统各部分水量的测定与计算。

5）输煤系统用水量的测定与计算。

6）生活、消防水系统各部分水量的测定与计算。

7）废水（回用）处理水系统各部分水量的测定与计算。

8）全厂总取水量、总用水量、复用水量、循环水量、耗水量的测定与计算。

9）全厂废水及污水处理系统水量、全厂总排水量、回用水量的测定与计算。

10）全厂复用水率、循环水率、损失水率和循环水浓缩倍数的计算。

11）全厂发电取水量、单位发电量取水量的计算。

12）绘制全厂水平衡图。

（2）试验方法的选择。试验小组应通过分系统逐级平衡、选择合理的试验方法、增加平行测定次数等多条措施来减少试验的误差，以保证试验数据的准确性和代表性。试验方法参照第四章“二、流量测量方法”。

（3）试验仪器。试验仪器见表6-1，其中试验仪器的检定/校验日期应在有效期内。

（4）试验期间系统运行状况说明。

三、试验结果汇总

1. 试验结果

表 6-1　　试　验　仪　器

序号	工器具名称	型号规格	数量	备注
1	便携式超声波流量计			
2	测厚仪			
3	电子秒表			
4	各型探头			
5	数据传输线			
6	量筒			
7	温度计			
8	测温枪			

（1）试验结果分析。

1）取水及分配情况。

2）耗水情况。

3）排水情况。

（2）全厂用水情况分析。各主要用水系统用水情况分析见表6-2，全厂水平衡图见附图×。

表 6-2　　全厂各主要用水系统用水情况分析

系统名称	净补水量（m^3/h）	净补水率（%）	取水量（m^3/h）	串、回用水量（进，m^3/h）	循环水量（m^3/h）	串、回用水量（出，m^3/h）	消耗量（m^3/h）	排放量（m^3/h）	复用率（%	排放率（%

注　1. 取水量是指直接用于系统的新鲜水。
2. 净补水量是指最终用于系统的水量。计算公式为净补水量=取水量+其他系统回用至本系统（回用量进）–本系统回用至其他系统（回用量出）。
3. 循环水量是指循环使用水的量，其水质经过处理后，仍用于原工艺流程。
4. 串用水量是指在水质水温满足要求的条件下，前一系统的排水被直接作为另外系统补充水的水量。
5. 回用水量是指在生产过程中已经使用的水，其水质、水温经过适当处理后回收利用于其他系统的水量。
6. 消耗量是指水在使用过程中因蒸发、渗漏、风吹、污泥携带、灰渣携带以及绿化等形式消耗掉的水量。
7. 排放量是指企业实际排放的水量，包括工业排水量和厂区生活排水量。

2. 分系统概况及水量分配图

分系统水平衡试验结果记录参照表6-3。

表6-3　　分系统水平衡试验结果

项目	单位	数值

四、试验结果评价

五、节水建议

六、水平衡优化

七、结论

八、附图

（1）试验工况下，全厂水平衡图。

（2）全厂用水情况网络监测图。

（3）优化后，全厂水平衡图。

第七章

水平衡图绘制方法

一、国标绘制原则

（1）水平衡图由图框、图线、数据、符号以及必要的说明性文字构成。

（2）水平衡图基本数据来自用水单位水平衡表，是用水单位水平衡表的图形表达。

（3）水平衡图的图注应标注在图例的左下方，标明试验时段、水量和蒸汽量的计量单位，以及必要的文字说明。

二、国标绘制方法

水平衡图可划分为主要用水设备或系统（三级）、次级用水单位（二级）和用水单位（一级）3 个层级，各层级包括一个或多个用水单元，用水单元及其相互之间的用水流程、水量分配等水量传递关系应表示清楚。

（1）图线绘制应符合 GB/T 17450《技术制图　图线》的规定，在椭圆图内或者方框图内标注水源类别，具体示例见图 7-1。

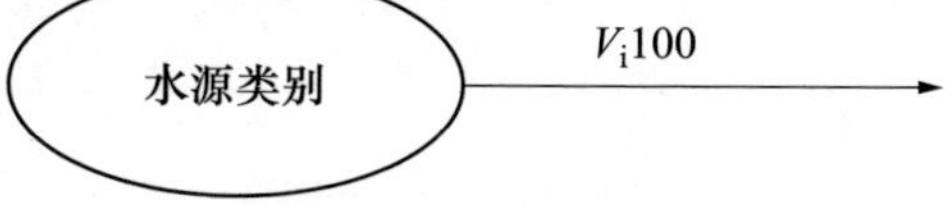

注：图中数字为水流量，m^3/h。

图 7-1　水源基本图示

（2）图 7-1 中椭圆图右侧流出的箭头线上标注输入水量及符号。

（3）在矩形图内标注用水单元名称。具体示例见图 7-2。

（4）图 7-2 中矩形图左侧箭头表示水量输入，箭头上方标注水量及符号；右侧箭头表示水量输出或消耗，箭头上方标注水量及符号；下方箭头表示水量排出，箭头线右侧或上方标注水量及符号。

（5）图 7-2 中矩形图上半部分标注循环水，矩形图右侧箭头为循环水输出，矩形图左侧箭头为循环水输入，箭头水平部分的上方标注水量及符号。

（6）图 7-2 中输入水量线型用实线表示，输出水量线型用点划线表示，循环水量线型用虚线表示。

（7）输入水量、输出水量和循环水量的符号应符合表 7-1 的规定。

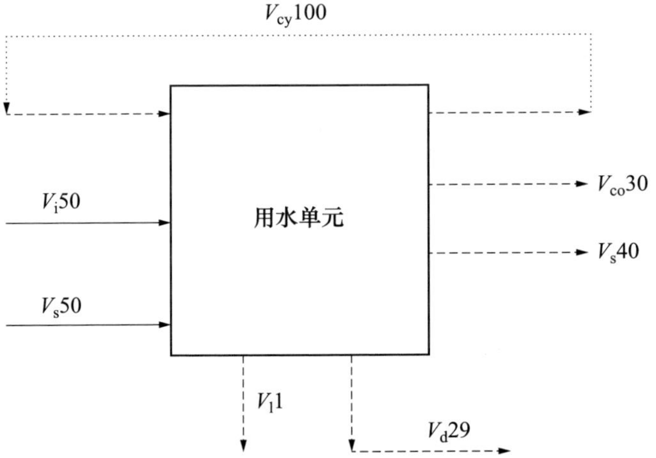

注：图中数字为水流量，m^3/h。

图 7-2　用水单元示例图

表 7-1　用水单元的输入水量、输出水量和循环水量的符号

序号	符号	名称	类别
1	V_i	取水量	常规水源取水量
			非常规水源取水量

续表

序号	符号	名称	类别
2	D	蒸汽流量	蒸汽流量
3	$V_{SA(z)}$	外供蒸汽流量	外供蒸汽流量
4	V_{SA}	外供水量	外供水量
5	V_{br}	蒸汽冷凝水量	蒸汽冷凝水量
6	V_d	排水量	外排水量
			循环水排污水量
			锅炉排水量
7	V_{co}	耗水量	耗水量
8	V_l	耗水量	循环水补水量
			漏损水量
9	V_{cy}	重复用水量	循环水量
10	V_s		串联水量
11	V_{pr}		回用水量
12	V_{cr}	冷却水量	直接冷却水量
13	V_{dr}		间接冷却水量
14	V_z		直流冷却水量

（8）水平衡图示例见图 7-3。

三、电标绘制方法

（1）图线绘制应符合 GB/T 17450 的规定，原则上不同类别的水绘制不同的线型，但是考虑到火电厂水系统的复杂性，绘制不同的线型视觉上比较乱，实际工作中大多采用的同一种线型。

（2）水源的类别通常在箭头的一端，也可以用尖型框表示，如图 7-4 所示。

（3）在矩形图内标注用水系统单元名称。

（4）箭头方向面对着矩形图表示水量输入，箭头方向背对着矩形图表示水量输出或消耗，箭头上方标注流量。

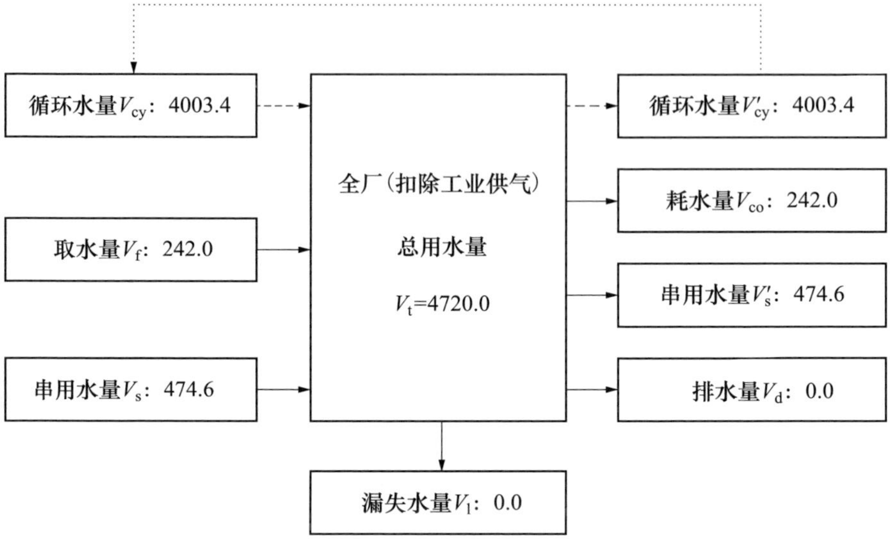

图 7-3　国标水平衡示例图（单位：m^3/h）

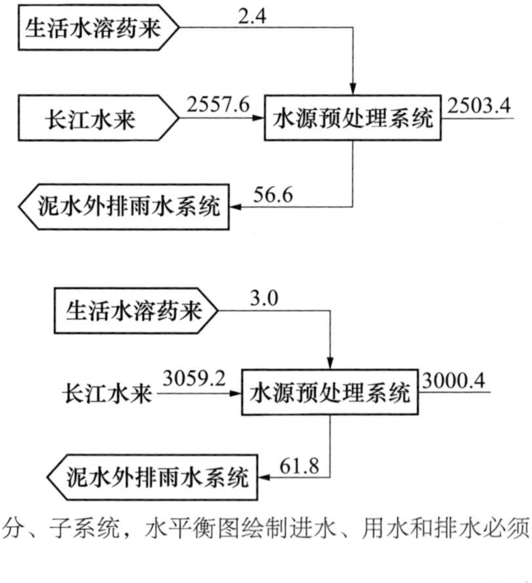

注：对于单个的分、子系统，水平衡图绘制进水、用水和排水必须是平衡的。

图 7-4　电力用水系统示例图（单位：m^3/h）

（5）全厂水平衡图示例见图 7-5。

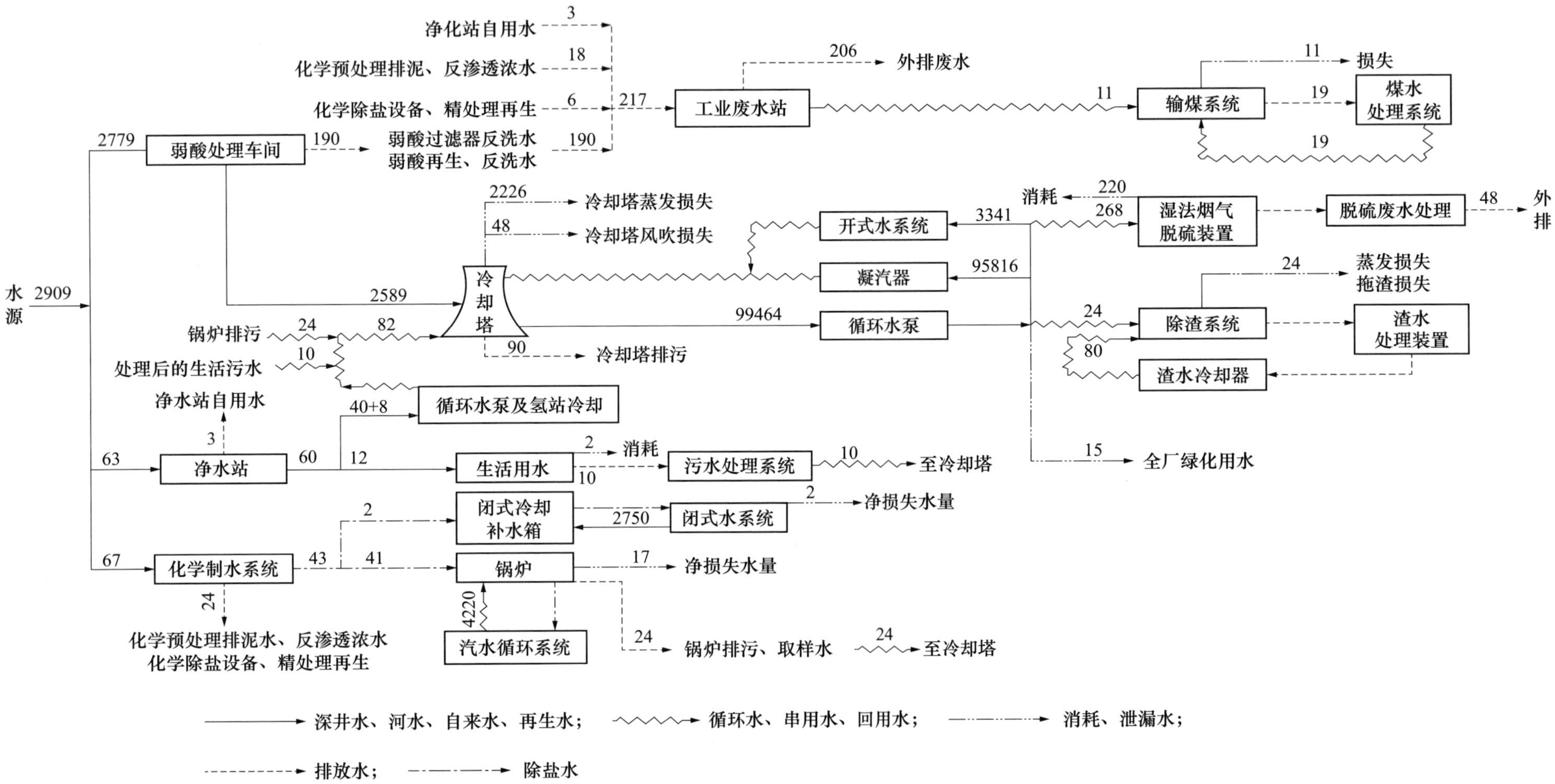

注：图中标注的数字为2×660MW发电机组满负荷条件下各点的水流量，单位为m^3/h。

图 7-5　全厂水平衡图示例

第八章

案例分析——直接空冷机组

导读

空冷机组水耗指标通常是常规自然冷却机组水耗指标的1/5～1/3，空冷机组中直接空冷比间接空冷节水能力略强。随着机组规模的增大,直接空冷与间接空冷的节水能力基本区别不大。

空冷机组的节水是以多耗煤为前提的。空冷机组平均发电煤耗较常规自然冷却机组煤耗高3.3%～6.2%，同等级机组、相同参数情况下，直接空冷煤耗要高于间接空冷机组煤耗。

本案例的绘图严格按照DL/T 606.5的规范要求绘制。

一、概述

电厂是工业用水大户，其用水量和排水量巨大。随着国家各项环境保护政策、法规的逐步实施，各发电集团公司为创建节约环保型燃煤电厂，对火电厂的单位发电量取水量提出了严格的要求指标；同时，对排水量和排水水质的限制也越来越严格。要达到这些目标，实施有效的节水措施是一条最佳途径。

水平衡试验是做好电厂节水工作，实现科学、合理用水管理的基础。通过试验，可以掌握电厂用水现状和各水系统用水量之间的定量关系，把握节水工作的重点，寻找节水的潜力，制定切实可行的用水、节水规划方案。

1. 任务来源

为了贯彻落实国家相关政策法规，合理地利用水资源，增效节能、节水并减少工业废水的排放，满足环评批复及排污许可要求，××年××月××电厂委托××研究院进行水平衡试验，为下一步优化用水和节水型企业申报提供基础数据。

根据现场运行情况和工作安排，××年××月××日，××研究院安排水平衡试验小组到达××电厂，开展冬季水平衡试验。在××电厂相关专业技术人员的协助下，××年××月××日至××年××月××日进行了水平衡试验现场试验工作。

2. 试验目的

水平衡试验是将电厂作为一个确定的用水体系，研究电厂水的输入、输出和损失之间的平衡关系。水平衡试验是电厂水资源优化利用的基础，也是开展节水规划必不可少的基础工作。通过对××电厂各种取水、用水、耗水、排水的试验，查清电厂用水状况，挖掘节水潜力。为电厂下一步节水工作确定方向，为制定切实可行的节水技术措施和规划提供依据。

3. 基本情况

××电厂安装有2×300MW亚临界参数燃煤锅炉，为直接空冷凝汽式供热机组。除灰渣方式采用干除渣、干除灰，脱硫方式为石灰石-石膏湿法烟气脱硫工艺。

（1）机组主要技术规范。

1）锅炉技术规范见表8-1。

表8-1　　　　锅炉技术规范表

型式	亚临界、四角切圆燃煤锅炉
型号	HG-1092/17.5-PM型
制造厂家	哈尔滨锅炉厂
最大连续蒸发量	1092t/h
给水温度	281.2℃

续表

排烟温度	123℃
锅炉效率	92.3%

2）汽轮机技术规范见表 8-2。

表 8-2　　汽轮机技术规范表

制造厂	上海电气集团		
型号	CZK300-16.7/0.4/537/537		
型式	亚临界、一次中间再热、双缸双排汽、直接空冷抽汽凝汽式供热机组		
额定功率	300MW	高压主汽温度	537℃
高压主汽压力	16.7MPa	额定排汽压力	16kPa
额定供热抽汽流量	500t/h	供热方式	水暖

3）发电机技术规范见表 8-3。

表 8-3　　发电机技术规范表

制造厂	上海电气集团	型号	QFSN-300-2
额定功率	300MW	额定频率	50Hz
额定转速	3000r/min	额定电压	20kV
额定电流	10.2kA	冷却方式	水-氢-氢

（2）供、排水系统。

1）供水系统。××电厂生产及生活用水取自河水、地下深井水、污水处理厂来中水三部分组成，按照三种水源水质结合实际生产和生活用水对水质的要求进行了优化分级使用，具体说明如下：

××电厂主要生产用水水源是中水，主要使用方向是厂区的工业水系统（包括脱硫工艺水、生产区域杂用水等）；河水是该电厂的备用水源，主要用于补给水处理系统和消防水系统；厂区的深井水主要应用于生产区域各建（构）筑物的生活用水。在设备故障及系统停运检修的情况下，三种水源可以相互补充，互为备用。在中水系统故障停运时，河水是工业水系统的备用水源；在河水源管线停运检修或水量紧缺时，深井水是补给水处理系统的备用水源。

2）排水系统。××电厂生产性废水主要有化学制水车间产生废水、锅炉排污水、主厂房杂排水等。由于没有下游用户，电厂各种废水难以处置。为减少全厂外排废水量，降低单位发电量取水量，该电厂实施了废水零排放工程，将各种废水如化学废水、主厂房排水、锅炉排污水等通过地沟或泵收集至工业废水处理系统调节池（厂区各建构筑物的生活污水经生活污水一体化处理装置净化后回用至工业废水系统调节池，经过工业废水处理系统进一步处理后回用），经处理后回用至脱硫工艺水箱或送往灰库作为干灰干渣拌湿用水。

（3）已有的主要节水措施。

1）将锅炉连排、定排水回收至综合泵房前蓄水池，减少了取水量。

2）采用干除灰系统（电除尘气力输灰系统），大大减少了除灰用水量。

3）采用干除渣系统，大大减少了除渣系统用水量。

4）输煤系统采用了曲线落煤管、微动力除尘、干雾抑尘装置三种除尘抑尘设备，取消了输煤系统常规冲洗水，大大减小含煤废水的水量。

5）全厂主要系统的来水、排水母管均装设流量计，加强了全厂用水量的监控。

6）机侧和炉侧辅机冷却用水全部采用闭式循环水系统。

7）实施了废水零排放工程，将全厂生活污水、化学废水、脱硫废水、工业废水收集经深度处理后全部用于脱硫工艺和干灰干渣拌湿，避免了废水外排，同时也减少了全厂取水量。

8）含煤废水收集处理后循环利用于干雾抑尘系统，减少了输煤系统补水量。

二、试验工况

1. 试验原则和技术依据

水平衡试验原则和技术依据参考附录一。

2. 试验项目、方法、仪器

（1）试验项目及内容。按照电厂实际的水系统划分水平衡试验体系，确定试验对象和范围。根据电厂水系统的查定结果，将全厂水系统划分为供水系统、化学除盐水系统、工业及脱硫用水系统、生活水系统、除灰渣系统、其他杂用水系统等。根据试验大纲的要求，水平衡试验的试验内容如下：

1）供水系统各部分水量的测定与计算。

2）闭式水系统各部分水量的测定与计算。

3）化学除盐水系统水量的测定与计算。

4）工业水系统各部分水量的测定与计算。

5）输煤系统用水量的测定与计算。

6）生活、绿化、消防水系统各部分水量的测定与计算。

7）废水（回用）处理水系统各部分水量的测定与计算。

8）全厂总取水量、总用水量、复用水量、循环水量、耗水量的测定与计算。

9）全厂废水及污水处理系统水量、全厂总排水量、回用水量的测定与计算。

10）全厂复用水率、循环水率、损失水率和循环水浓缩倍数的计算。

11）全厂发电取水量、单位发电量取水量的计算。

（2）试验方法的选择。针对电厂水系统复杂，试验数据采集量大，个别测点不能满足试验条件等问题，试验小组通过分系统逐级平衡、选择合理的试验方法、增加平行测定次数等多条措施来减少试验的误差，以保证试验数据的准确性和代表性。

试验方法参照第四章“二、流量测量方法”。

（3）试验仪器。试验仪器见表 8-4，其中试验仪器的检定/校验日期应在有效期内。

表 8-4　　　　　　　　试　验　仪　器

序号	工器具名称	型号规格	数量	备注
1	便携式超声波流量计	PT900	3 套	在检定有效期
2	测厚仪	PT9-TG 测厚探头	3 个	
3	电子秒表	PC2009	1 个	
4	各型探头	510、591、592 等	6 对	
5	数据传输线		6 条	
6	量筒	500mL	2 个	

3. 试验期间机组运行状况

××年××月至××年××月，在××电厂相关技术部门的积极配合下，完成了全厂的水平衡试验工作。在水平衡试验期间，××电厂 2 台机组的发电总负荷为 485MW，为设计总负荷的 81%，满足试验条件。

三、试验结果汇总

1. 试验结果

（1）试验结果分析。

1）取水及分配情况。试验期间，电厂自水源地取水平均流量为 171.5m^3/h。其中河水取水量为 71.5m^3/h，主要用于化学除盐水系统；中水取水量为 77.5m^3/h，用于工业及脱硫工艺水系统；深井水取水量为 22.5m^3/h，用于厂区各建构筑物的生活用水。

2）耗水情况。全厂耗水主要包括化学除盐水系统损失 31.2m^3/h、工业及脱硫用水系统损失 97.0m^3/h、生活水系统损失 16.8m^3/h、除灰渣系统损失 23.0m^3/h、其他损失（输煤、洒水、未知用水等，合计

3.5m³/h）等，以上合计约为 171.5m³/h。

3）排水情况。全厂所有废水经工业废水处理系统集中处理后综合利用，无直接外排废水。全厂主要用水情况示意图见图 8-1。

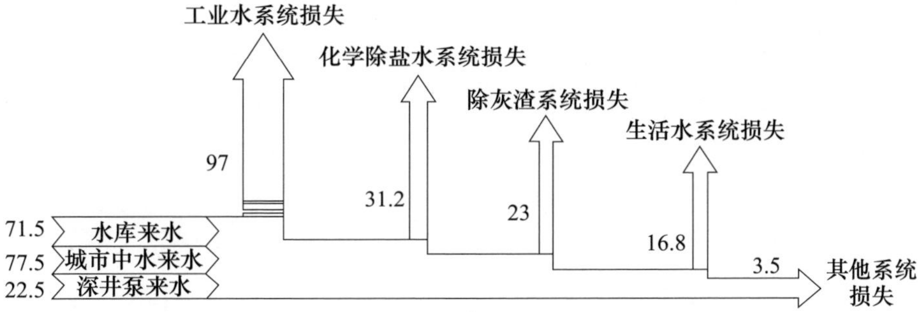

图 8-1　全厂主要用水情况示意图（单位：m³/h）

（2）全厂用水情况分析。电厂各机组水系统由生产和生活两部分组成。生产和生活用水按用途和流程主要由五个分系统组成，分别是化学除盐水系统、工业及脱硫用水系统、生活水系统、除灰渣系统、其他杂用水系统，各主要用水系统用水情况分析见表 8-5，全厂水平衡图见图 8-9。

根据表 8-5 中所列数据可见：

1）化学除盐水系统。化学除盐水系统补水取自河水。主要应用于锅炉补给水处理系统及所有除盐水用户，如闭冷水系统可作为化学除盐水系统的子系统。由于闭冷水蒸发冷却塔循环喷淋水取自闭冷水系统，在正常运行中因为蒸发冷却塔蒸发、排污等损失会造成闭冷水系统的水量损耗，闭冷水系统的净补水量应该等于蒸发冷却塔的耗水量。本系统净补水量占全厂总取水量的 18.2%，耗水量占全厂总消耗量的 18.2%。

2）工业及脱硫用水系统。工业及脱硫系统补水取自中水。主要应用于油库、氨区用水，脱硫工艺水箱补水，主厂房杂用水，废水处理溶药水等。本系统的净补水量占全厂总取水量的 56.9%，耗水量占全厂总消耗量的 56.5%。

表 8-5　　全厂各主要用水系统用水情况分析

系统名称	净补水量（m^3/h）	各系统净补水量占总取水量（%）	取水量（m^3/h）	循环水量（m^3/h）	回用量（进，m^3/h）	回用量（出，m^3/h）	消耗量（m^3/h）	排放量（m^3/h）	复用率（%）	排放率（%）	备注
化学除盐水系统（河水）	31.2	18.2	68.0	5097.0	0.0	36.8	31.2	0.0	—	—	回用至除灰渣和脱硫系统
工业及脱硫系统（中水）	97.5	56.9	77.5	0.0	29.0	9.0	97.5	0.0	—	—	回用至除灰渣系统
生活水系统（深井水）	16.3	9.5	22.5	0.0	0.0	6.2	16.3	0.0	—	—	回用至除灰渣和脱硫系统
除灰渣系统	23.0	13.4	0.0	0.0	23.0	0.0	23.0	0.0	—	—	
其他杂用水系统（河水）	3.5	2.0	3.5	0.0	0.0	0.0	3.5	0.0	—	—	
合　计	171.5	100.0	171.5	5097.0	52.0	52.0	171.5	0.0	96.8	0.0	

注　1. 取水量是指直接用于系统的新鲜水；净补水量是指最终用于系统的水量，计算公式为净补水量=取水量+其他系统回用至本系统（回用量进）-本系统回用至其他系统（回用量出）。

2. 化学除盐水系统是指制取和使用除盐水的系统，包括锅炉补给水处理系统、锅炉汽水循环系统、闭冷水系统等。

3. 循环水量是指循环使用水的量，其水质经过处理后，仍用于原工艺流程。

4. 消耗量是指水在使用过程中因蒸发、渗漏、风吹、污泥携带、灰渣携带以及绿化等形式消耗掉的水量。

5. 排放量是指企业实际排放的水量，包括工业排水量和厂区生活排水量。

6. 其他杂用水系统包括废水处理系统、消防水系统、输煤用水系统、卡车洒水及未知用水等。

3）生活水系统。生活水系统补水取自深井水。应用于全厂生活用水，本系统净补水量占全厂总取水量的 9.5%，耗水量占全厂总消耗量的 9.8%。

4）除灰渣系统。除灰渣系统用水来自脱硫废水回用系统、工业废水回用系统。主要用于灰库拌湿用水及渣仓拌湿用水，本系统净补水量占全厂总取水量的 13.4%，耗水量占全厂总消耗量的 13.4%。

5）其他杂用水系统。其他杂用水系统主要用于文明生产杂用水、消防用水、路面降尘卡车洒水、厂区绿化用水等。本系统净补水量占全厂总取水量的 2.0%，耗水量占全厂总消耗量的 2.0%。

2. 主要分系统水量分配概况

（1）供水系统。电厂所用河水进厂后首先进入 1、2 号蓄水池，通过化学补水泵、消防水泵输送至各系统；污水厂中水进厂后直接送至 2 台工业水泵出口，然后输送至工业水系统及脱硫系统；厂区深井水经深井水泵可输送至生活蓄水池和生活水泵前池，然后由变频生活水泵输送至全厂生活水用户。供水系统水量分配图见图 8-2。流量测定值汇总表见表 8-6。

表 8-6　供水系统流量测定值汇总表（平均值） m^3/h

序号	测点名称	测试方法	流量	备注
1	河水来水平均流量	方法 1	71.5	
2	城市中水来水平均流量	方法 1	77.5	
3	深井泵补水平均流量	方法 2	22.5	
4	锅炉排污水量	方法 2	14.0	
5	汽车洒水用水量	方法 6	1.3	
6	生活水泵出口平均流量	方法 1	22.5	
7	消防水泵平均流量	方法 1	0	
8	消防稳压泵平均流量	方法 1	0	
9	化学补水泵平均流量	方法 1	82.0	
10	工业水泵平均流量	方法 1	39.0	
11	未知用水量	方法 3	2.2	

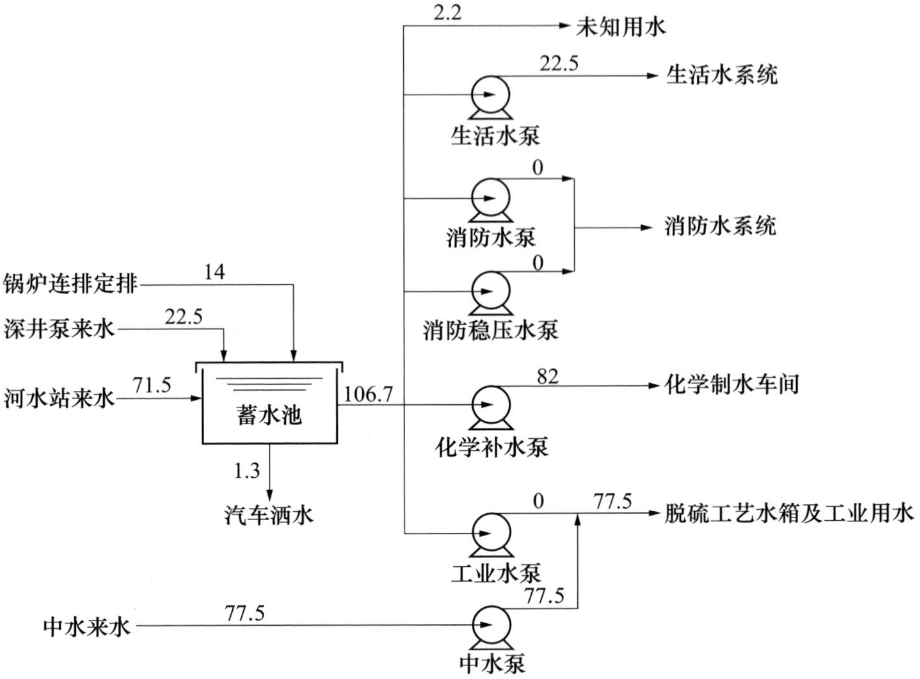

图 8-2 供水系统水量分配图（单位：m^3/h）

（2）化学除盐水系统。锅炉补给水处理系统主要包括预脱盐、除盐装置以及各自的清洗和再生系统、2 台 1500m^3 除盐水箱。预脱盐部分包括 5 台出力为 56m^3/h 双滤料过滤器，4 套出力为 57m^3/h 超滤装置和 2 套出力为 86m^3/h 的反渗透装置。除盐装置部分包括 2 台阳床、2 台除碳器、2 台阴床和 2 台出力为 100m^3/h 混床。

补给水处理工艺流程为化学补水泵→生水加热器→双介质过滤器→超滤装置→保安过滤器→反渗透装置→除碳器→阳床→双室阴床→混床→除盐水箱→主机房。水平衡试验期间，制水系统为间断运行。

除盐水主要供机组补水，少量用于空冷岛喷淋冲洗、采暖水箱补水（冬季采暖期用）、除盐装置再生、精处理再生、实验室自用、反渗透装置停机冲洗等。

闭冷水系统可作为化学除盐水系统的子系统。直接空冷，小汽轮机排汽直接进空冷岛冷却，具有高效的节水和节能作用。辅机循环水采用了带蒸发冷却塔的闭式循环冷却系统。该系统是将水冷与空冷，传热与传质过程融为一体且兼有两者之长的高效节能冷却设备。冷却器呈一字型布置，两台机配置10格的蒸发式机力通风冷却器，设置在闭冷水泵房屋顶。

闭冷水系统包括主厂房内机、炉两侧辅机冷却水，空气压缩机房等设备冷却水。闭冷水系统补水为除盐水，从膨胀水箱补入，再补充到闭冷水系统。

化学除盐水系统、1号机组闭冷水系统、2号机组闭冷水系统水量分配图见图8-3~图8-5，流量测定值汇总表见表8-7。

表8-7　化学除盐水系统流量测定值汇总表（平均值）　m^3/h

序号	测点名称	测试方法	流量	备注
1	化学补水泵平均流量	方法1	82.0	
2	双滤料过滤器进水流量	方法1	82.0	
3	双滤料过滤器反洗排水	方法5	0.5	
4	超滤反洗正洗排水	方法5	12.5	
5	反渗透进水流量	方法1	69.0	
6	反渗透浓排水流量	方法1	19.2	
7	反渗透产水流量	方法1	49.8	
8	除盐设备反洗正洗排水	方法5	0.3	
9	混床出水流量	方法1	49.5	
10	除盐水泵至锅炉补水	方法2	41.2	
11	1号炉主蒸汽流量	—	910.0	抄表统计
12	2号炉主蒸汽流量	—	855.0	
13	汽水损失量	方法3	25.2	
14	锅炉排污量	方法5	14.0	
15	化学取样排水	方法6	1.0	量筒
16	空冷岛冲洗水量	方法2	0	冬天一般不冲洗
17	采暖水箱补水量	方法2	0	
18	闭式水箱补水	方法2	6.0	

续表

序号	测点名称	测试方法	流量	备注
19	实验室用除盐水量	方法 5	0	用水量少
20	化水再生用除盐水量	方法 5	0.3	
21	精处理再生用除盐水量	方法 5	1.0	
22	反渗透冲洗用水量	方法 5	1.0	
闭冷水系统				
23	1 号机组闭式水箱补水	方法 2	2.0	
24	1 号机组闭式水泵出口	方法 2	1748.0	
25	1 号机组给水泵润滑油冷油器冷却水	方法 2	51.0	
26	1 号机组给水泵工作油冷油器冷却水	方法 2	331.0	
27	1 号机组给水泵密封冷却器冷却水	方法 2	12.0	
28	1 号机组给水泵电动机冷却器冷却水	方法 2	139.0	
29	1 号机组电动给水泵冷却室冷却水	方法 2	12.0	
30	1 号机组汽前泵轴承冷却室冷却水	方法 2	9.0	
31	1 号机组汽动给水泵冷油器冷却水	方法 2	13.0	
32	1 号机组发电机氢冷器冷却水	方法 2	105.0	
33	1 号机组 A 真空泵冷却水	方法 2	65.0	
34	1 号机组 B 真空泵冷却水	方法 2	52.0	
35	1 号机组 C 真空泵冷却水	方法 2	72.0	
36	1 号机组氢侧密封油冷却器冷却水	方法 2	5.0	
37	1 号机组空侧密封油冷却器冷却水	方法 2	104.0	
38	1 号机组发电机定子水冷却器冷却水	方法 2	36.0	
39	1 号机组主机冷油器冷却水	方法 2	165.0	
40	1 号机组氢气干燥器冷却器冷却水	方法 2	0.3	
41	1 号机组 EH 油冷却器冷却水	方法 2	1.5	
42	1 号机组真空净油装置冷却器冷却水	方法 2	0.2	
43	1 号机组凝结水泵轴承冷却水	方法 2	1.0	
44	1 号机组凝结水泵电动机冷却器冷却水	方法 2	57.0	
45	1 号炉 A 引风机电动机油站冷却水	方法 2	2.5	

续表

序号	测点名称	测试方法	流量	备注
46	1 号炉 B 引风机电动机油站冷却水	方法 2	2.5	
47	1 号炉 A 送风机电动机油站冷却水	方法 2	2.0	
48	1 号炉 B 送风机电动机油站冷却水	方法 2	2.0	
49	1 号炉 A 一次风机耦合器冷却水	方法 2	39.5	
50	1 号炉 A 一次风机轴承冷却水	方法 2	1.2	
51	1 号炉 B 一次风机耦合器冷却水	方法 2	40.5	
52	1 号炉 B 一次风机轴承冷却水	方法 2	1.3	
53	1 号炉 A 空气预热器轴承冷却水	方法 2	2.5	
54	1 号炉 B 空气预热器轴承冷却水	方法 2	2.0	
55	1 号炉 A 磨煤机油站冷却水	方法 2	28.0	
56	1 号炉 B 磨煤机油站冷却水	方法 2	27.0	
57	1 号炉 C 磨煤机油站冷却水	方法 2	27.0	
58	1 号炉 D 磨煤机油站冷却水	方法 2	27.0	
59	1 号炉 E 磨煤机油站冷却水	方法 2	24.0	
60	1 号炉化学取样间冷却水	方法 2	26.0	
61	空气压缩机房冷却水	方法 2	262.0	
62	1 号机组闭冷水回水总流量	方法 2	1748.0	
63	2 号机组闭式水箱补水	方法 2	4.0	
64	2 号机组闭式水泵出口	方法 2	1584.0	
65	2 号机组给水泵润滑油冷油器冷却水	方法 2	52.0	
66	2 号机组给水泵工作油冷油器冷却水	方法 2	349.0	
67	2 号机组给水泵密封冷却器冷却水	方法 2	13.0	
68	2 号机组给水泵电动机冷却器冷却水	方法 2	128.0	
69	2 号机组电动给水泵冷却室冷却水	方法 2	9.0	
70	2 号机组汽前泵轴承冷却室冷却水	方法 2	8.0	
71	2 号机组汽动给水泵冷油器冷却水	方法 2	21.0	
72	2 号机组发电机氢冷器冷却水	方法 2	165.0	
73	2 号机组 A 真空泵冷却水	方法 2	72.0	

续表

序号	测点名称	测试方法	流量	备注
74	2 号机组 B 真空泵冷却水	方法 2	67.0	
75	2 号机组 C 真空泵冷却水	方法 2	78.0	
76	2 号机组氢侧密封油冷却器冷却水	方法 2	29.0	
77	2 号机组空侧密封油冷却器冷却水	方法 2	86.0	
78	2 号机组发电机定子水冷却器冷却水	方法 2	36.0	
79	2 号机组主机冷油器冷却水	方法 2	178.0	
80	2 号机组氢气干燥器冷却器冷却水	方法 2	0.3	
81	2 号机组 EH 油冷却器冷却水	方法 2	2.0	
82	2 号机组真空净油装置冷却器冷却水	方法 2	0.2	
83	2 号机组凝结水泵轴承冷却水	方法 2	1.5	
84	2 号机组凝结水泵电动机冷却器冷却水	方法 2	54.0	
85	2 号炉 A 引风机电动机油站冷却水	方法 2	3.0	
86	2 号炉 B 引风机电动机油站冷却水	方法 2	3.0	
87	2 号炉 A 送风机电动机油站冷却水	方法 2	2.5	
88	2 号炉 B 送风机电动机油站冷却水	方法 2	2.5	
89	2 号炉 A 一次风机耦合器冷却水	方法 2	47.0	
90	2 号炉 A 一次风机轴承冷却水	方法 2	1.0	
91	2 号炉 B 一次风机耦合器冷却水	方法 2	28.0	
92	2 号炉 B 一次风机轴承冷却水	方法 2	1.0	
93	2 号炉 A 空气预热器轴承冷却水	方法 2	2.0	
94	2 号炉 B 空气预热器轴承冷却水	方法 2	2.0	
95	2 号炉 A 磨煤机油站冷却水	方法 2	24.0	
96	2 号炉 B 磨煤机油站冷却水	方法 2	23.0	
97	2 号炉 C 磨煤机油站冷却水	方法 2	22.0	
98	2 号炉 D 磨煤机油站冷却水	方法 2	23.0	
99	2 号炉 E 磨煤机油站冷却水	方法 2	23.0	
100	2 号炉化学取样间冷却水	方法 2	28.0	
101	2 号机组闭冷水回水总流量	方法 2	1584.0	

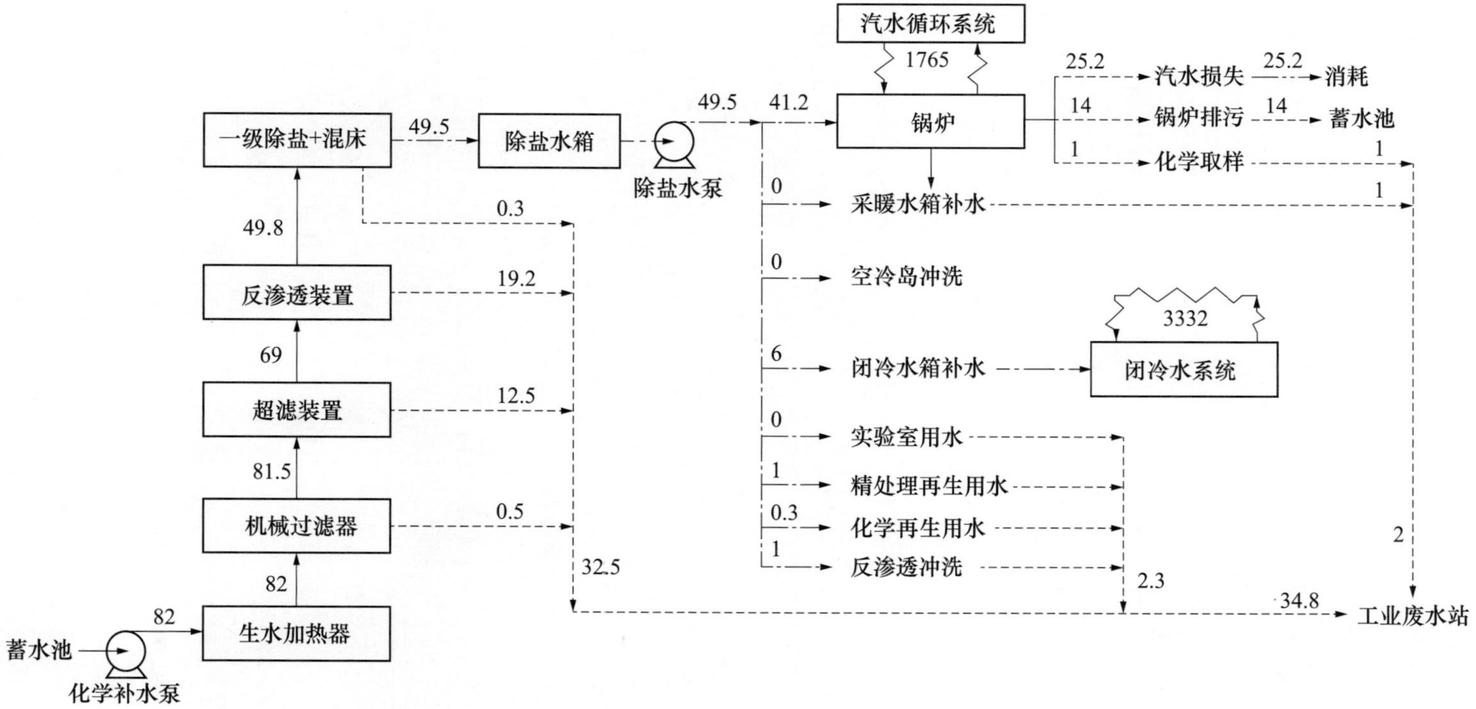

图 8-3 化学除盐水系统水量分配图（单位：m^3/h）

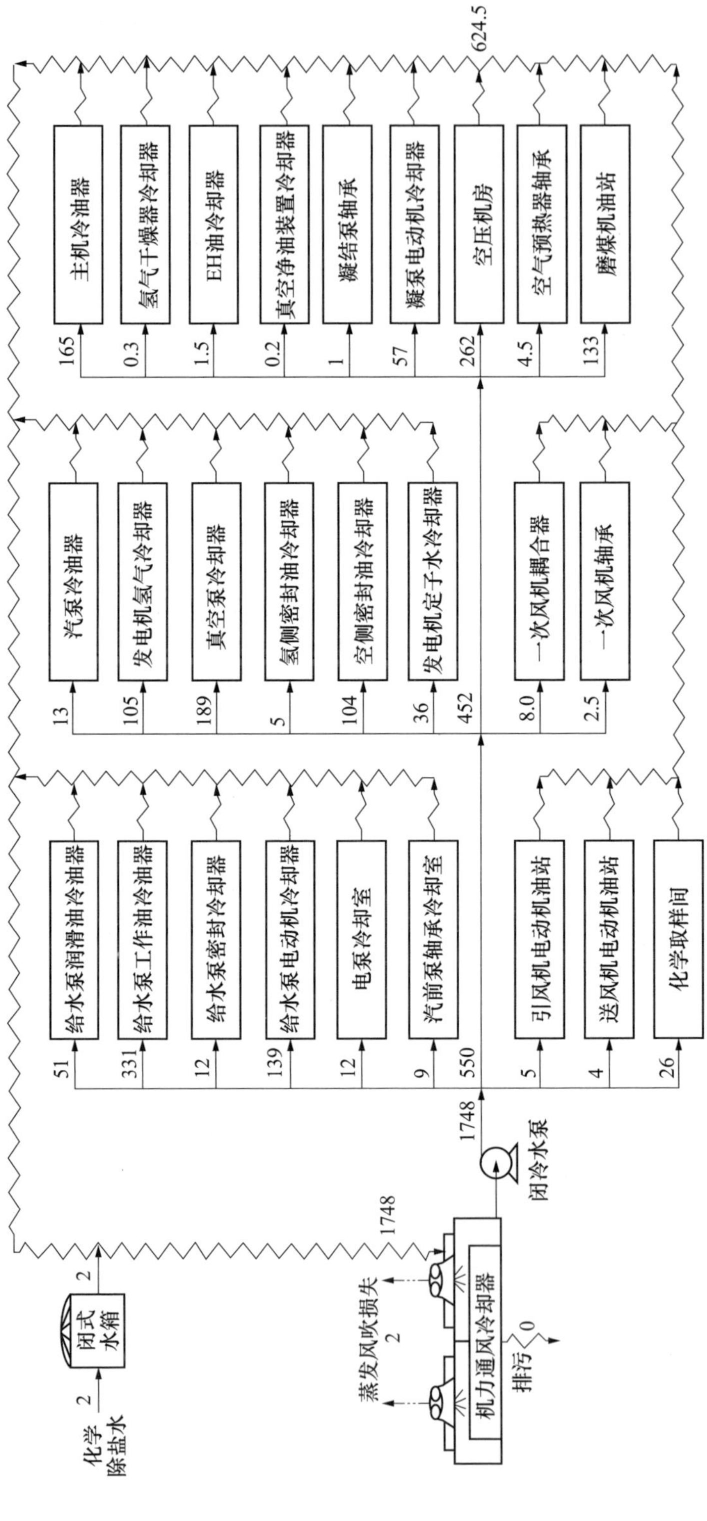

图 8-4 1号机组闭冷水系统水量分配图（单位：m^3/h）

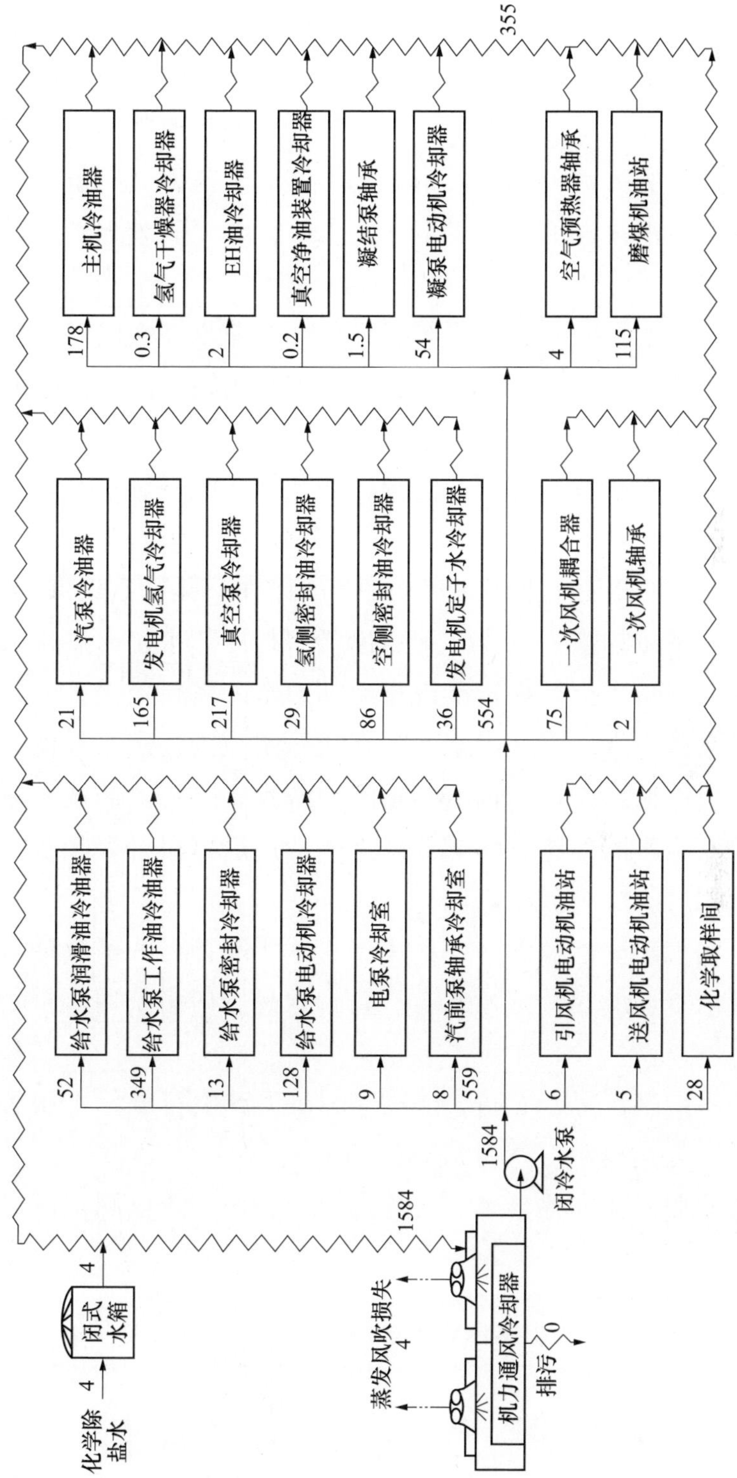

图 8-5　2 号机组闭冷水系统水量分配图（单位：m^3/h）

由图 8-3 ~ 图 8-5 和表 8-7 可看出，化学除盐水系统来水主要来自化学补水泵，水量为 82.0m^3/h，除盐水制水平均流量为 49.5m^3/h，主要用于锅炉补水，少量用于闭冷水系统补水或其他用途。锅炉补给水制水车间产生的废水全部排入工业废水站，水量为 32.5m^3/h，化学除盐水系统其他废水也都进入了工业废水站，经工业废水站处理后回用至其他系统。

（3）工业水及脱硫用水系统。中水经工业水泵送出后除少量用于油库和氨区外，大部分出水都补入脱硫工艺水箱，因此把工业水泵出口所有用水统称为工业及脱硫用水系统。

电厂采用石灰石—石膏湿法脱硫工艺，按照一炉一塔方式建造脱硫设施，脱硫效率不小于 96%。系统用水水源为中水和废水回用水泵来水，水系统主要由工业设备密封冷却水、工艺用水、除雾器冲洗水、氧化风机油站冷却水等构成。工业设备密封冷却水包含氧化风机、浆液循环泵、石膏排出泵等转动设备冷却用水、密封用水，以及真空皮带脱水机系统用水。工艺用水包含石灰石浆液制备用水、仪表冲洗用水及所有浆液输送设备、输送管路的冲洗水，除雾器冲洗水泵是专供两个吸收塔除雾器冲洗。除雾器冲洗水使用后直接补入吸收塔，其他冲洗水使用后收集至吸收塔内。

电厂将脱硫废水处理合格后用于灰库干灰拌湿或渣仓拌湿。

制浆用水、烟囱烟气带水、石膏含水是脱硫系统用水损失的主要因素。

脱硫系统副产品是石膏，试验期间每天产生石膏量 450t 左右，经水平衡试验人员测定石膏含水率为 16%。

工业及脱硫用水系统水量分配图见图 8-6，流量测定值汇总表见表 8-8。

表 8-8 工业及脱硫用水系统流量测定值汇总表（平均值） m^3/h

序号	测点名称	测试方法	流量	备注
1	工业水泵出口流量	方法 1	77.5	

续表

序号	测点名称	测试方法	流量	备注
2	工业水至油库	方法 2	0.5	
3	工业水至氨区	方法 2	0	试验期间没有用水
4	工业水至工艺水箱补水	方法 4	77.0	
5	工业废水补至工艺水箱	方法 4	29.0	
6	除雾器冲洗水	方法 2	17.5	
7	脱硫工艺用水	方法 2	55.5	
8	设备密封水	方法 2	33.0	
9	吸收塔蒸发损失	方法 3	94.0	
10	石膏带走水分	—	3.0	
11	脱硫废水处理量	方法 5	9.0	

注　试验期间每天产生石膏量 450t 左右，经测定石膏含水率为 16%。

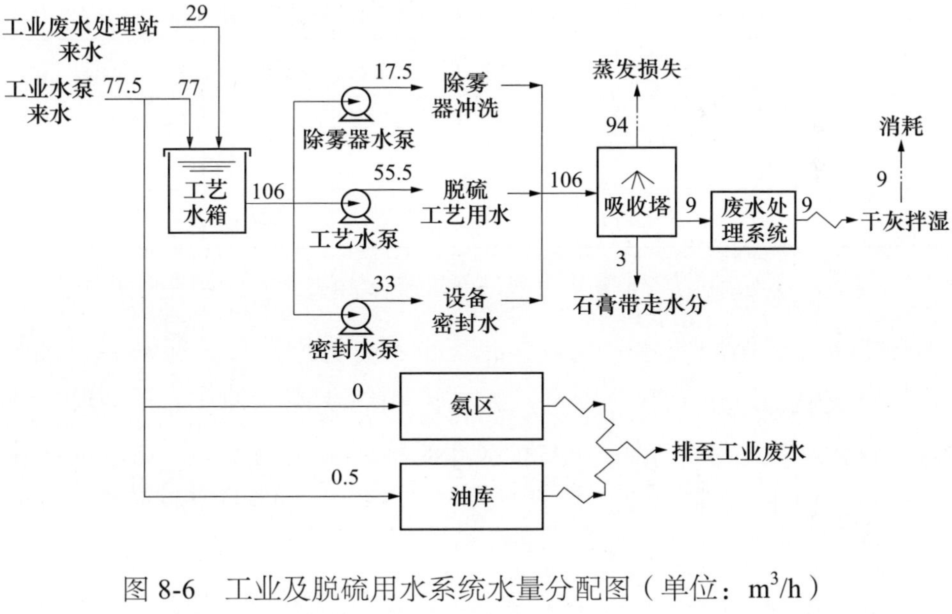

图 8-6　工业及脱硫用水系统水量分配图（单位：m^3/h）

由图 8-6 和表 8-8 可看出，试验期间，工业水泵出水仅有 $0.5m^3/h$ 水量用于油库，氨区基本不用水，绝大部分工业水都补入脱硫工艺水箱。脱硫吸收塔蒸发量为 94.0m³/h，石膏带走水量为 3.0m³/h，脱硫系统产生废水量为 9.0m³/h，全部用于干灰拌湿。

（4）生活水系统。生活用水水源是地下水，深井水先补入 100m³ 生活水前池，再由生活水泵供至厂区各生活水用户。厂区生活水泵共有两台，均为变频泵，水泵额定流量为 50m³/h，试验期间一台备用，一台保持常开状态。生活水系统水量分配图见图 8-7，流量测定值汇总表见表 8-9。

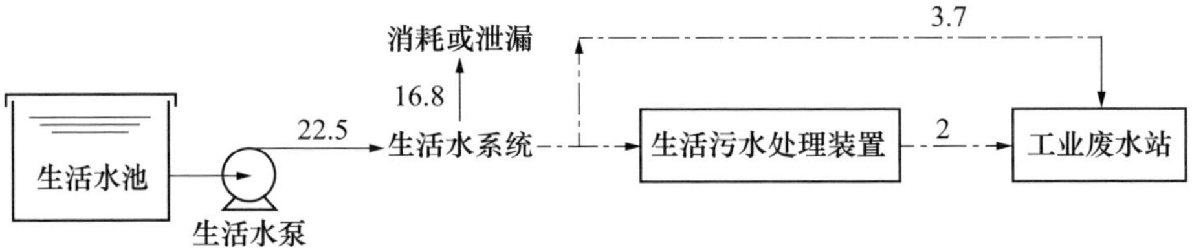

图 8-7　生活水系统水量分配图（单位：m³/h）

表 8-9　　生活水系统流量测定值汇总表（平均值）　　m³/h

序号	测点名称	测试方法	流量	备注
1	生活水泵出口流量	方法 2	22.5	三次累计 24h 平均流量
2	生活污水处理量	方法 5	2.0	

（5）除灰渣系统。电除尘采用干除灰工艺，采用正压浓相气力输灰方式将灰送至原灰库。灰库共有三个，分为原灰库、粗灰库、细灰库，原灰经分选风机后分别进入粗灰库和细灰库。细灰库下灰装车外运，综合利用；粗灰库下灰需加水拌湿后运至灰场填埋。试验期间由于干灰销售不畅，基本采用加水拌湿后运至灰场，每天拉灰量约 2800t，经水平衡试验人员测定含水率约为 17.4%。

除渣采用干除渣工艺，落渣经冷却粉碎后定期用卡车运至灰场，也需加水拌湿后外运。试验期间每天拉走渣量 300t 左右，经水平衡试验人员测定拌湿的渣中含水率约为 25%。

除灰渣系统水量分配图见图 8-8，流量测定值汇总表见表 8-10。

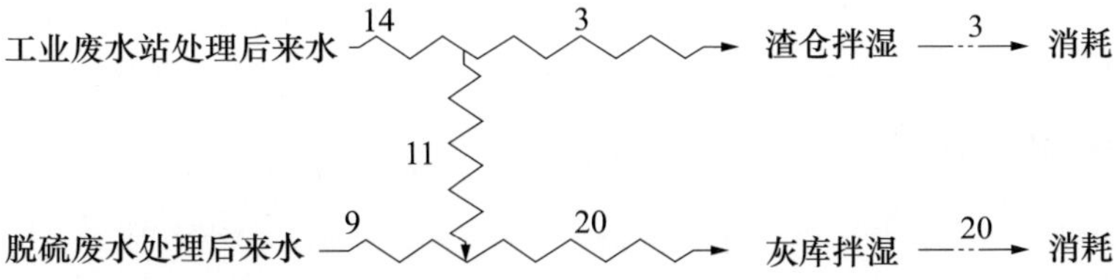

图 8-8　除灰渣系统水量分配图（单位：m^3/h）

表 8-10　　除灰渣系统流量测定值汇总表（平均值）　　m^3/h

序号	测点名称	测试方法	流量	备注
1	工业废水至干渣拌湿	方法 5	3.0	
2	工业废水至干灰拌湿	方法 5	11.0	
3	脱硫废水至干灰拌湿	方法 5	9.0	

（6）其他杂用水系统。其他杂用水系统包括废水处理系统、输煤用水系统、消防水系统、路面抑尘卡车洒水及未知用水等。

1）废水处理系统。废水零排放处理系统的主要功能是将厂内产生的各类废水处理达标后回用。工业废水处理系统是对闭冷水蒸发冷却器排水、生活污水、化学车间排水、文明生产杂用水排水、主厂房地面冲洗水的混合水进行处理，工业废水处理系统出力 $140m^3/h$，处理工艺流程为：

工业废水→格栅井→提升泵→调节池→提升泵→机械搅拌澄清器→油水分离器→中间水箱→中间水泵→纤维过滤器→回用池→回用泵→脱硫、除灰渣系统工艺用水。

生活污水处理设备为 2 套处理量各为 $10m^3/h$ 的一体化污水处理装置。生活污水处理工艺流程为：

生活污水→生活污水提升泵→曝气调节池→生活污水输送泵→生活污水处理一体化装置→消毒处理→工业废水调节池。

生活污水经一体化装置处理合格后再进入工业废水处理系统与工业废水一起处理后回用至脱硫工艺水箱或干灰干渣拌湿。

2）输煤用水系统。输煤用水系统包括输煤栈桥地面冲洗、输煤回用水系统。

含煤废水处理系统设计采用 2 套高效一体化含煤废水处理设备，每套含煤废水处理设备处理量 10m^3/h，处理流程为：

含煤废水→调节预沉池→煤水提升泵→高效一体化煤水处理设备→清水池→冲洗水泵→输煤系统干雾抑尘。

由于输煤系统采用了组合式洁净化设备（曲线落煤管+微动力除尘+干雾抑尘装置），整个输煤系统几乎不用水冲洗，煤水的产生量几乎为零，因此含煤废水处理系统投运率很低，处于长期停运状态。

3）消防水系统。试验期间，消防水泵和消防稳压水泵都没有运行，说明消防水系统基本没有泄漏或者消防水用于其他用途。

4）卡车洒水。试验期间，试验人员发现有两辆洒水车每天都从蓄水池中取水两次用于厂内外道路抑尘喷洒，每天取水量约为 30m^3。

其他杂用水系统流量测定值汇总表见表 8-11。

表 8-11　其他杂用水系统流量测定值汇总表（平均值）　　m^3/h

序号	测点名称	测试方法	流量	备注
1	工业废水处理量	方法 1	43.0	
2	消防水泵出口流量	方法 1	0	
3	消防稳压水泵流量	方法 1	0	
4	输煤清水池补水量	方法 2	0	
5	卡车洒水量	方法 7	1.3	
6	未知用水量	方法 3	2.2	

四、试验结果评价

水平衡试验结果及简要评价如下：

（1）水平衡试验期间，全厂平均取水量为 171.5m^3/h，其中生活水量为 22.5m^3/h，生产用水量为 149.0m^3/h。

（2）水平衡试验期间，2 台机组循环水量为 5097.0m^3/h；回用水量为 52.0m³/h；复用水量为 5149.0m³/h（复用水量=循环水量+串、回用水量）。

（3）水平衡试验期间，2 台机组总用水量为 5320.5m³/h（总用水量=总取水量+循环水量+回用水量）。

（4）水平衡试验期间，2 台机组总损失水量为 171.5m³/h，总排水量为 0m³/h。

（5）水平衡试验期间，2 台机组复用水率为 96.8%（复用水率=复用水量/总用水量）；2 台机组循环水率为 95.8%（循环水率=循环水量/总用水量）。

（6）水平衡试验期间，2 台机组发电平均负荷 485MW，全厂平均单位发电量取水量 0.35m³/MWh。

（7）厂区生活用水量 22.5m³/h 左右，按全厂工作人员 600 人计（包括常住检修维护人员），人均生活取水量为 0.9m³/d，对比同等规模电厂人均生活用水量（0.3～0.6m³/d）指标，人均生活取水量稍有偏高。

五、节水建议

节水是一项系统工程，需要合理的工程设计和科学的水务管理，离不开采用高效的节水技术和先进的水处理设备。同时要根据国家各项节水、环保政策法规的要求，结合电厂实际情况，建立合理的水量平衡系统。

1. 加强水务管理工作

（1）水务管理的概念及内容。水务管理是指电厂在规划、设计、施工、运行、维护和技术改造等阶段对水的使用进行全面统筹与管理，即通过对水资源总体合理规划利用，在各项指标的基础上建立高重复利用率的水平衡系统。其目标就是节约水资源和保护水环境。这种管理是多学科、多专业协调合作的产物，它涉及电厂中锅炉、汽轮机、灰渣、输煤、给排水、电厂化学等多个专业，是一项重要的综合性技术管理工作。

每个电厂都应把节约用水作为一项重要技术工作，在电厂日常运行管理中始终贯穿节水思想，要因地制宜地对电厂的各类生产和生活供、排水进行全面规划，综合平衡和优化比较，积极采用成熟可靠的节水工艺和技术，实现提高重复用水率、减少污水排放、降低全厂耗水指标的目的。

对于已投产电厂，水务管理的主要内容包括以下几点：

1）通过对全厂水资源和废水资源进行合理的调配，降低设备的耗水量，增加水的梯级使用级数。

2）定期进行水平衡试验，找出潜在的节水效益点，减少不合理的用水方式和耗水。

3）建立经济可靠的废水处理设施，对全厂废水合理回用。对于回用成本过高的废水要求达标排放，建立标准化排放口。

4）不断采用新技术、新工艺，通过技术改造来降低耗水量。

5）配备必要的水流量计量关口表计并定期校验。

（2）水务管理工作的重点。

1）做好水务管理工作的前提是建立水平衡监测体系，配备必要的水计量关口表计，通过水平衡试验，摸清各系统的用水、排水情况及进出水水质的变化，分析影响节水的各种因素，确定哪些分系统或设施可以减少用水、重复用水，哪些分系统或设施的排水处理后可以回用，优化用水流程，改进废水处理方式，使有限的水资源在电厂发挥更大的经济和社会效益。

2）加强节水管理工作，减少不合理的用水方式和耗水，是每个电厂在完善硬件节水设施时的一项重要工作。今后应逐步制定详细的用水管理规定，建立各主要系统的用、排水量台账，实现对主要供、排水系统的监控，以便于生产部门及时发现问题和掌握全厂用排水情况，及时发现、消除电厂的非正常用水。

3）加强用水监督工作，重点是加强用水大户的管理，在保证设备正常运行的情况下，避免冷却水或补充水过量使用，要做到全厂用水大户水量可控。

（3）机组运行中的节水管理。重点关注停机时要及时关闭重要的用水阀门，避免浪费；机组正常运行后要及时控制各项参数，控制各个用水点用水量的合理范围，根据用水指标与要求，及时调整阀门开度，既保证用水要求，又降低用水量。

由于设计及历史原因，电厂各用水系统安装的流量计数量较少或需要进一步校核，建议按表 8-12 逐步完善主要供、排水系统计量装置，实现主要供、排水系统流量（关口流量计）的监视和数据记录，及时发现并消除电厂的非正常用水。

表 8-12　　水量计量表计完善表

序号	用水系统	安装位置	备注
1	供水系统	河水、中水进厂母管，深井泵出口母管	河水站、中水进厂母管已安装流量计，需要校核；深井泵出口母管需安装流量计
2	化学除盐水系统	化学补水泵出口、混床出口母管、精处理再生用水箱补水管、闭式水箱补水管	化学补水泵出口、混床出口母管已安装流量计，需要校核；精处理再生用水箱、闭式水箱补水管需安装流量计
3	生活水系统	生活水泵出口母管，厂区各主要用户	生活水泵出口母管已安装流量计，需要校核；厂区各主要用户需安装流量计
4	脱硫用水系统	工艺水箱废水来水管、脱硫清水泵出口母管	工艺水箱废水来水管已安装流量计，需要校核；脱硫清水泵出口母管需安装流量计
5	废水处理系统	回用水泵出口母管、至灰库、渣仓、煤水清水池补水管	须安装流量计

（4）建立经济合理的废水回用系统及处理设施。电厂废水回用的难度在于废水种类多，水质差异大，不同回用目标的水质要求也完全不同，因此，宜采用分类处理、分类回用的方式。电厂已建立了生活污水、工业废水、含煤废水等处理设施，生活污水和工业废水在处理达标后全部回用，含煤废水处理后循环使用。随着国家节水政策的实施和环保法规的日益完善，废水的处理方式及处理工艺

正由过去以达标排放为主向综合利用为主转化。

今后节水重点是维护好废水回用处理设施的正常运转，充分发挥节水设施的作用，提高废污水综合利用率。

2. 做好节水优化

（1）节水原则。

1）从全厂的角度综合制定节水和水平衡优化方案。针对用水需求，建立合理的水量平衡系统，避免水的高质低用，做到水的梯级使用、废水回用，努力降低全厂各用水系统的用、排水量。

2）充分利用现有的处理设施，在提高废水处理回收利用率的同时，而不会影响机组安全经济运行。

（2）节水优化方案。电厂已经建有废水处理系统，并且该系统运行情况良好，已经实现了全厂工业废水零排放的目标。还应该从以下考虑，尽量减少取水量和科学用水。

1）加强设备消缺、运行调整和水质监督。

a. 加强脱硫废水处理系统、工业废水处理系统、生活污水处理系统、中水管线、河水管线等设备的消缺力度，确保各水处理设备运行的可靠性。

b. 完成闭冷水蒸发冷却器加药系统改造项目，减少循环喷淋水排污损失；完成输煤系统除尘抑尘优化改造项目，彻底取消输煤系统冲洗水；完成空冷岛冲洗泵油冷却水回收项目，降低除盐水损失量。完成厂区雨水收集及绿化用水改造项目，减少杂用水用量。

c. 加强对水处理、精处理及炉水处理的优化调试，降低自用水量及排污损失。

d. 加强对石膏脱水系统、污泥脱水系统的优化调整，降低石膏、泥饼含水率；加强对各系统设备出水水质（包括中水水质）监督力度，确保水源水质及回用水质达标回用。

e. 对化学水处理系统运行进行优化，尽量减少设备不必要的排水，将反渗透装置回收率提高至 75%，提高超滤回收率至 90%以上，预计至少可以节约取水量 9.0m^3/h。

2）加强生活水系统管理与回用。

a. 水平衡试验期间，试验小组对全厂生活用水总量进行了测试，生活用水水量合计为 22.5m^3/h，人均生活用水量偏大，电厂还应增强职工的节水意识，尽量采用节水型水龙头，进一步降低生活用水量。按照电厂人均生活用水量（0.3～0.6m^3/d）指标上限，全厂工作人员按 600 人计，生活水的取水量最大应为 15.0m^3/h，这样仅生活水最少可节约的水量为 7.5m^3/h。

b. 生活污水量处理量约为 2.0m^3/h，其中大部分生活水用后没有收集到生活污水处理系统，而是用后从地沟直接进入工业废水调节池。

c. 生活污水其特点是有机物、BOD、细菌的含量比较高，其他水质指标与生水接近。在夏季可将其充分收集后，经生活污水处理系统处理后用于绿化，这样可减少绿化用水取水量，冬季仍然排入工业废水调节池与工业废水一起处理后回用。

3. 水平衡优化

对××电厂水资源和废水资源进行合理的调配，增加水的梯级使用级数，综合利用各级废污水，杜绝跑冒滴漏现象，还可以进一步减少取水量，具有良好的社会效益和经济效益。

采取上述节水措施后，预计全厂发电量取水量可由 171.5m^3/h 减少到 152.8m^3/h，全厂单位发电量取水量可由 0.35m^3/MWh 降至接近 0.31m^3/MWh（按实际发电取水量计算）水平。

六、结论及建议

（1）通过对水平衡试验数据分析可知：在两台机组同时稳定总负荷 485MW 左右运行条件下，总取水量与总用、耗水量基本平衡，不平衡率小于 5%。

（2）水平衡试验期间，两台机组实际平均单位发电量取水量为 0.35m^3/MWh，还有一定的节水潜力。

（3）若节水建议提出的方案全部实施，预计全厂发电取水量由

171.5m^3/h 可减少到 152.8m^3/h 左右，全厂将最少减少取水量约 18.7m^3/h，平均单位发电量取水量最少降至 0.31m^3/MWh 左右，具有良好的经济、社会、环境效益。

七、附图

试验工况下全厂水平衡图见图 8-9。

分析点评

直接空冷机组以环境空气为冷源来吸收汽轮机排气热量，相比于同容量的湿冷机组，空冷机组冷却系统本身可以节水 95%以上，节水效果显著，由于卓越的节水性能，直接空冷机组，在“富煤缺水”的西、北部地区得到了广泛应用。

水平衡测试时，若采用湿法脱硫则脱硫系统为全厂主要耗水点，占全厂总用水量的 50%以上，应为测试中的重点。

测试时应选择合理测试周期，测试周期较短时应考虑系统内各水池水箱的液位变化对补水统计的影响，并结合排烟温度、机组负荷大致判断测试用水的准确性，如果判断不一致应查找原因并及时复测；辅机冷却水若采用湿冷时，辅机冷却水应采用补水量结合经验公式进行对比分析计算蒸发、风吹损失量。

热力系统蒸汽循环量、供热系统循环水量应通过查询 DCS 后台数据进行测量，系统补水量应采用结合用水周期累计测量，一般不少于 2 天；闭式水系统用水较为稳定，系统补水可采用超声波累计一个用水周期，也可采用关闭补水统计水量液位法进行计算测量。

若系统采用干除灰、除渣则除灰、渣系统测试可以采用统计灰渣量、并测定灰渣含水率方法测试灰渣携带消耗量，若系统采用湿除渣则应采用超声波法进行累计一个用水周期测定系统耗水量。

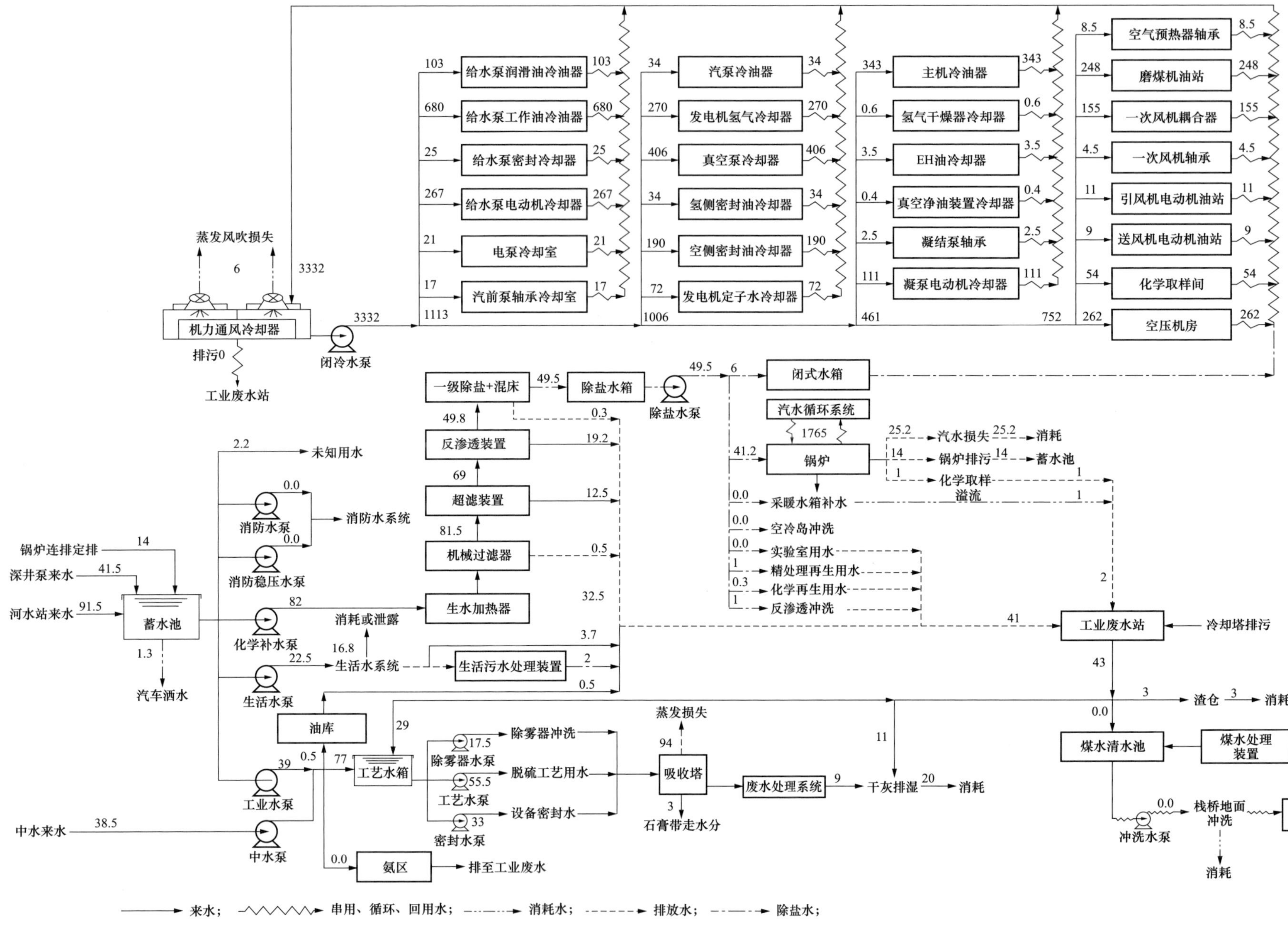

图 8-9　试验工况下全厂水平衡图（单位：m^3/h）

第九章

案例分析——间接空冷机组

导读

间接空冷机组的系统循环的水一般为除盐水，但长时间会出现水质变差，必须换水的情况。尤其是铝制换热器，为防止铝制换热片腐蚀，采取换水方式改善循环水水质，但是由于循环水体积较大（约 12000m^3），单次换水接近 3000m^3，水平衡试验中，这一块消耗量会增加机组的水耗。

一、概述

水是人类赖以生存的宝贵的自然资源，我国淡水资源极度匮乏，人均水资源的占有量居世界第 84 位，资源型和水质型缺水已成为制约我国经济社会可持续发展的瓶颈。

燃煤电厂是工业耗水大户，其用水量占工业用水量的 30%～40%，随着水资源的日益匮乏和国家环境保护要求的提高，水的成本在电厂运行成本中所占比例越来越大，在有限条件下优化和提高水资源利用效率是燃煤电厂的必然选择。因此，提高水务管理水平，全面掌握用、排水系统的水量、水质，做到“深度节水、梯次利用”，最大限度地合理利用水资源，减少废水排放量，保证废水达标排放，直至实现废水零排放，这是节约用水、降低水耗、保护水环境的必然趋势。

水平衡试验是做好电厂节水工作，实现科学、合理用水管理的基础。通过试验，可以掌握电厂用水现状和各水系统用水量之间的定量关系，把握节水工作的重点，寻找节水的潜力，制定切实可行的用水、节水规划方案。

1．任务来源

为了贯彻落实国家相关政策法规，合理地利用水资源，增效节能、节水并减少工业废水的排放，满足环评批复及排污许可要求，××年××月××电厂委托××研究院进行全厂水平衡试验，为下一步优化用水和节水型企业申报提供基础数据。

根据现场运行情况和工作安排，××年××月××日，××研究院安排水平衡试验小组到达××电厂，开展冬季水平衡试验。在××电厂相关专业技术人员的协助下，××年××月××日至××年××月××日进行了冬季水平衡试验现场试验工作。

2．试验目的

水平衡试验是将电厂作为一个确定的用水体系，研究电厂水的输入、输出和损失之间的平衡关系。水平衡试验是电厂水资源优化利用的基础，也是开展节水规划必不可少的基础工作。通过对电厂各种取水、用水、耗水的试验，查清电厂用水状况，挖掘节水潜力。为公司下一步优化节约用水工作确定方向，为制定切实可行的节水技术措施和规划提供依据。

3．基本情况

××电厂现有 2×300MW 亚临界燃煤间接空冷发电机组，机组补水采用地表水，水源地位于厂区东南 15km 处，线路长约 3km。

××电厂采用辅机单列布置的热电联产项目，项目应用了等离子无油点火、变频调速、正压浓相气力输灰和风冷式机械除渣系统等成熟节能技术。

（1）机组主要技术规范。

1）锅炉技术规范见表 9-1。

表 9-1　　锅炉技术规范表

名　　称	规　范
型　　式	亚临界、四角切圆燃烧锅炉
型　　号	DG1060/17.5-Ⅱ13 型
最大连续蒸发量	1060t/h
过热器出口蒸汽温度	541℃
排烟温度	118℃
锅炉计算热效率	93.55%

2）汽轮机技术规范见表 9-2。

表 9-2　　汽轮机技术规范表

名称	规　范
型号	CJK300/271-16.67/0.4/538/53
额定功率	300MW
高压主汽温度	538℃
高压主汽压力	16.67MPa
额定排汽压力	11kPa
主蒸汽流量	1031.6t/h
再热蒸汽流量	846.6t/h

（2）供、排水系统。

1）供水系统。生产用水供水取自××渠，经两根母管送至预处理系统高密度澄清池，澄清后的水共分为三路，一路进入工业、消防水池，另一路进入开式循环冷却塔前池，还有一路进入空气擦洗滤池。生活用水由地下深井泵供水，共分两路，一路至厂区生活用水，另一路至厂外生活用水。

2）排水系统。生产性废水主要有含泥废水、化学制水车间产生废水、锅炉排污水、生活污水、脱硫废水、含煤废水。目前除脱硫废水用于煤场喷洒外，其余工业废水、生活废水均回用至脱硫系统。

（3）已有的主要节水措施。

1）生活污水、工业排水已全部复用于脱硫系统。

2）采用干除灰系统，大大减少了除灰用水量。

3）采用干除渣系统，大大减少了除渣系统用水量。

4）全厂主要系统的来水、排水母管均装设流量计，加强了全厂用水量的监控。

二、试验工况

1. 试验原则和技术依据

水平衡试验原则和技术依据参考附录一。

2. 试验项目、方法、仪器

（1）试验项目及内容。依据电厂有关设计资料、系统图、规程等，电厂水系统主要分为以下几个部分：水源及预处理系统、锅炉补给水处理系统、主机循环水系统、开式水系统、闭式水系统、工业水及消防水系统、生活水及生活污水处理系统、输煤冲洗及含煤废水处理系统、脱硫工艺水及废水处理系统、工业废水处理系统、除灰渣系统、除盐水及热力循环系统、发电机定冷水系统、热网循环系统等分子系统进行试验。根据试验大纲的要求，水平衡试验的试验内容如下：

1）水源及预处理系统各部分水量的测定与计算。

2）闭式水系统水量的测定与计算。

3）锅炉补给水处理系统水量的测定与计算。

4）开式水系统水量的测定与计算。

5）工业水及消防水系统水量的测定与计算。

6）输煤冲洗及含煤废水处理系统水量的测定与计算。

7）生活水及生活污水处理系统水量的测定与计算。

8）热力系统水量的测定与计算。

9）主机循环水系统水量的测定与计算。

10）除、灰渣系统水量的测定与计算。

11）定冷水系统水量的测定与计算。

12）脱硫工艺水及废水处理系统水量的测定与计算。

13）热力系统水量的测定与计算。

14）工业废水（回用）处理水系统各部分水量的测定与计算。

15）全厂总取水量、总用水量、复用水量、循环水量、耗水量的测定与计算。

16）全厂废水及污水处理系统水量、全厂总排水量、回用水量的测定与计算。

17）全厂复用水率、循环水率、损失水率和循环水浓缩倍数的计算。

18）全厂发电取水量、单位发电量取水量的计算。

19）绘制全厂水平衡图。

（2）试验方法的选择。水平衡试验方法参考第四章“二、流量测量方法”。

（3）试验仪器。不同单位的试验仪器可以不同，只要满足水平衡试验精度要求即可。试验仪器见表 9-3，其中试验仪器的检定/校验日期应在有效期内。

表 9-3　　　　试　验　仪　器

序号	工器具名称	型号规格	数量	备注
1	便携式超声波流量计	PT900	3 套	在检定有效期
2	测厚仪	PT9-TG 测厚探头	3 个	
3	电子秒表	PC2009	1 个	
4	各型探头	510、591、592 等	6 对	

续表

序号	工器具名称	型号规格	数量	备注
5	数据传输线		6 条	
6	量筒	500mL	2 个	

3. 试验期间机组运行状况

××年××月××日至××年××月，在××电厂相关技术部门的积极配合下，完成了全厂的水平衡试验工作。在水平衡试验期间，××电厂1号机组发电平均负荷为223.0MW/h，2号机组发电平均负荷为219.4MW/h，试验负荷为设计总负荷的73.7%，需根据现场实测结合电厂历史数据，同期、同地区机组对水量平衡图进行复核。

三、试验结果汇总

1. 试验结果

（1）试验结果分析。

1）取水及分配情况。试验期间，电厂自水源地来水平均流量为269.2m^3/h（其中工业供气取水35.0m^3/h，采暖损失27.7m^3/h），其主要用于化学除盐水176.9m^3/h；工业消防水补水52.3m^3/h，辅机循环水补水30.7m^3/h。

2）耗水情况。全厂耗水主要包括，预处理排泥损失30.0m^3/h、变孔隙滤池排水5.7m^3/h、工业水外排损失25.3m^3/h、化学除盐水及热力系统损失151.4m^3/h、脱硫用水系统损失100.5m^3/h、生活水系统损失2.3m^3/h、除灰渣系统损失2.4m^3/h，输煤系统损失10.3m^3/h、消防水损失2.1m^3/h、辅机循环水蒸发14.7m^3/h、风吹损失1.9m^3/h、主机循环水泄漏损耗34.1m^3/h、供热损失27.7m^3/h 等，以上合计约为261.5m^3/h。

3）排水情况。预处理系统排水5.5m^3/h、循环水排水3.8m^3/h（不包括补入含煤废水清水池8.2m^3/h、至除渣系统2.4m^3/h）、生活水排水

$5.4m^3/h$、其他排水 $37.7m^3/h$ 经处理后冬季全部综合利用于脱硫系统，无外排。

（2）全厂用水情况分析。电厂各机组水系统由生产和生活两部分组成。生产和生活用水按用途和流程主要由 14 个分系统组成，分别是：

1）水源及预处理系统。

2）锅炉补给水处理系统。

3）工业消防水系统。

4）主机循环水系统。

5）生活水及生活污水处理系统。

6）开式水系统。

7）输煤用水及含煤废水处理系统。

8）工业废水处理系统。

9）热网循环水系统。

10）除灰渣系统。

11）脱硫工艺水及废水处理系统。

12）除盐水及热力循环系统。

13）闭式水系统。

14）发电机定冷水系统。

全厂各主要用水系统用水情况分析见表 9-4，全厂水平衡图见图 9-15。

根据表 9-4 中所列数据可见：

1）主机循环水系统：补水量占全厂总取水量的 12.7%。

2）开式水系统：净补水量占全厂总取水量的 6.2%。

3）输煤及含煤废水处理系统：净补水量占全厂总取水量的 4.6%。

4）热网循环系统：净补水量占全厂总取水量的 10.1%。

5）脱硫工艺水及废水处理系统：净补水量占全厂总取水量的 37.3%。

6）除盐水及热力循环系统：净补水量占全厂总取水量的 27.1%。

7）其他系统：净补水量占全厂总取水量的 2.0%。

表 9-4　全厂各主要用水系统用水情况分析

系统名称	净补水量（m^3/h）	净补水率（%）	取水量（m^3/h）	串、回用水量（进，m^3/h）	循环水量（m^3/h）	串、回用水量（出，m^3/h）	消耗量（m^3/h）	排放量（m^3/h）	复用率（%）	排放率（%）
水源及预处理系统	0.0	0.0	261.5	0.0	0.0	261.5	0.0	0.0	—	—
锅炉补给水处理系统	0.2	0.1	0.0	173.0	0.0	172.8	0.2	0.0	—	—
工业水及消防水系统	0.0	0.0	0.0	52.3	0.0	52.3	0.0	0.0	—	—
主机循环水系统	34.1	12.7	0.0	34.1	50614.7	0.0	34.1	0.0	—	—
生活水及生活污水处理系统	2.3	0.9	7.7	0.0	0.0	5.4	2.3	0.0	—	—
开式水系统	16.6	6.2	0.0	31.0	1889.2	14.4	16.6	0.0	—	—
输煤冲洗及含煤废水处理系统	12.4	4.6	0.0	12.4	1.8	0.0	12.4	0.0	—	—
工业废水处理系统	0.0	0.0	0.0	52.4	0.0	52.4	0.0	0.0	—	—
热网循环水系统	27.2	10.1	0.0	27.7	5204.2	0.5	27.2	0.0	—	—

续表

系统名称	净补水量（m^3/h）	净补水率（%）	取水量（m^3/h）	串、回用水量（进，m^3/h）	循环水量（m^3/h）	串、回用水量（出，m^3/h）	消耗量（m^3/h）	排放量（m^3/h）	复用率（%）	排放率（%）
除灰、渣系统	2.4	0.9	0.0	2.4	0.0	0.0	2.4	0.0	—	—
脱硫工艺水及废水处理系统	100.5	37.3	0.0	102.6	0.0	2.1	100.5	0.0	—	—
除盐水及热力循环系统	72.9	27.1	0.0	89.4	1461.4	16.5	72.9	0.0	—	—
闭式水系统	2.7	1.0	0.0	2.7	730.3	2.3	0.4	0.0	—	—
发电机定冷水系统	0.2	0.0	0.0	0.2	95.7	0.0	0.2	0.0	—	—
合计	269.2	100	269.2	580.2	59997.3	580.2	580.2	269.2	99.6	0.0

注 1. 取水量是指直接用于系统的新鲜水。

2. 净补水量是指最终用于系统的水量。计算公式为净补水量=取水量+其他系统回用至本系统（回用量进）－本系统回用至其他系统（回用量出）。

3. 循环水量是指循环使用的水，其水质经过处理后，仍用于原工艺流程。

4. 串用水量是指在水质水温满足要求的条件下，前一系统的排水被直接作为另外系统补充水的水量。

5. 回用水量是指在生产过程中已经使用的水，其水质、水温经过适当处理后回收利用于其他系统的水量。

6. 消耗量是指水在使用过程中因蒸发、渗漏、风吹、污泥携带、灰渣携带以及绿化等形式消耗掉的水量。

7. 排放量是指企业实际排放的水量，包括工业排水量和厂区生活排水量。

2. 各用水系统概况及水量分配图

（1）水源及预处理系统。电厂原水取自地表水经两根母管送至高密度沉淀池进行沉淀处理，澄清后的水共分为三路，一路进入工业、消防水池；另一路进入开式循环冷却塔前池；还有一路进入空气擦洗滤池将高密度澄清池出水进一步处理，除去剩余的悬浮物，进入化学、消防水池。泥渣在浓缩区浓缩，浓缩泥渣部分回流至强化絮凝区。剩余部分污泥采用重力方式排至污泥池。污泥池内污泥由排泥泵输送至脱水机，泥饼外运。

正常运行条件下高密度澄清池每天白班进行一次排泥每次 5 ~ 6min，空气擦洗滤池每天排一次，原水预处理系统脱泥机无法投运，污泥采用定期清理方式进行，排泥水通过溢流方式进入经常性工业废水池。水源及预处理系统水量分配图如图 9-1 所示，流量测定值汇总表见表 9-5。

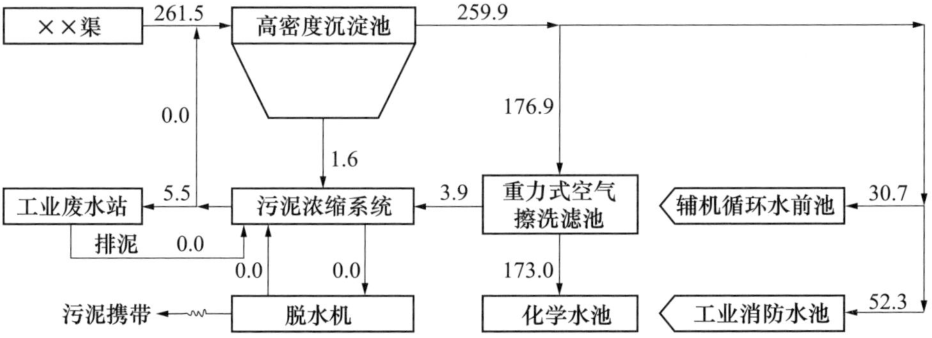

图 9-1　水源及预处理系统水量分配图（单位：m^3/h）

表 9-5　水源及预处理系统流量测定值汇总表（平均值）　m^3/h

序号	测点名称	测试方法	流量
1	××渠来水至高密度澄清池	方法 1	261.5
2	高密度澄清池至空气擦洗滤池	方法 3	176.9
3	高密度澄清池至辅机循环水前池	方法 1	30.7
4	高密度澄清池至工业消防水池	方法 3	52.3
5	空气擦洗滤池排水	方法 5	3.9
6	高密度澄清池排水	方法 5	1.6
7	预处理系统至工业废水站	方法 3	5.5

（2）锅炉补给水处理系统。补给水采用河水为供水水源，经高密度澄清池和空气擦洗滤池过滤处理进入 PCF 纤维过滤器。再经一级除盐加混床系统，制备出合格的除盐水。PCF 纤维过滤器进一步除去悬浮物、胶体硅、有机物等，保证处理后的水质浊度小于等于 1NTU，以确保离子交换设备进水水质达到要求。除盐系统采用一级除盐加混床方式，每套处理水量为 150m³/h 的除盐设备共三套。除盐水经除盐水泵提升后供除盐水用户使用。3 台 PCF 过滤器每班各进行一次反洗，反洗水进入经常性工业废水池，阳床累计流量约 2000m³ 再生一次，再生一次水量约 120m³，阴床累计流量约 2700m³ 再生一次，再生一次水量约 110m³。锅炉补给水处理系统水量分配图如图 9-2 所示，流量测定值汇总表见表 9-6。

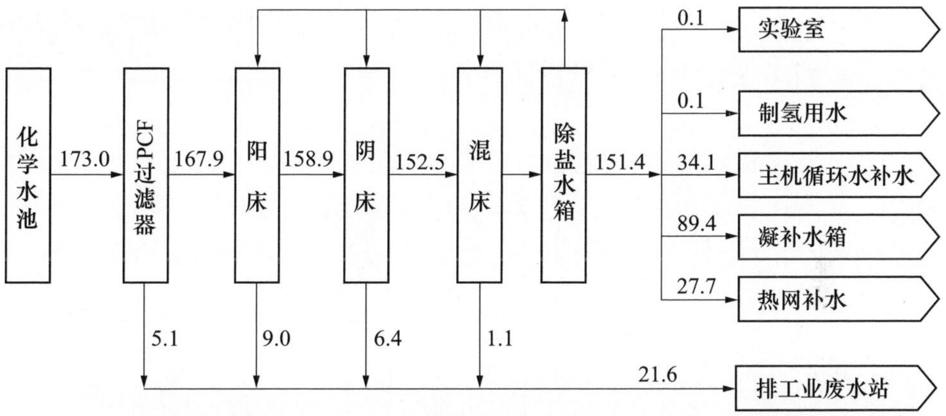

图 9-2　锅炉补给水处理系统水量分配图（单位：m³/h）

表 9-6　锅炉补给水处理系统流量测定值汇总表（平均值）　　m³/h

序号	测点名称	测试方法	流量
1	纤维过滤器进水	方法 1	173.0
2	纤维过滤器反洗排水	方法 1	5.1
3	阳床再生排水	方法 5	9.0
4	阴床再生排水	方法 5	6.4
5	混床再生排水	方法 5	1.1
6	除盐水至凝补水箱	方法 1	89.4

续表

序号	测点名称	测试方法	流量
7	除盐水至化验室	方法 5	0.1
8	除盐水至制氢用水	方法 5	0.1
9	除盐水至主机循环水补水	方法 1	34.1
10	除盐水至热网补水	方法 1	27.7

（3）工业消防水系统。工业消防水系统水源来自高密度澄清池出水，由一个容积为 1000m^3 工业消防水池和相关水泵组成，其中工业水配有两台工业水泵，经水泵提升后供全厂工业水用户使用；消防水系统配有一台电动消防水泵、一台柴油消防水泵和两台稳压泵，经提升后进入消防水管网，供全厂消防水用户使用。冬季试验期间工业水只用于脱硫系统，消防水作为输煤喷淋抑尘用水，工业消防水系统水量分配图如图 9-3 所示，流量测定值汇总表见表 9-7。

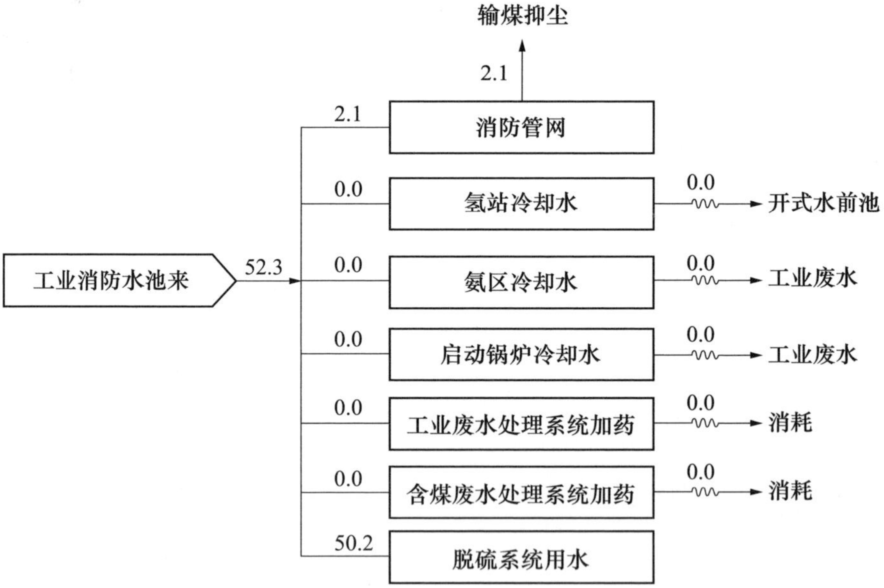

图 9-3　工业消防水系统水量分配图（单位：m^3/h）

表 9-7　工业消防水系统流量测定值汇总表（平均值）　m^3/h

序号	测点名称	测试方法	流量
1	消防水供水母管出水	方法 2	2.1

续表

序号	测点名称	测试方法	流量
2	工业水供水母管	方法 1	52.3
3	工业水至脱硫系统母管	方法 1	50.2
4	工业水至氢站冷却水	方法 5	0.0
5	工业水至氨区冷却水	方法 2	0.0
6	工业水至启动锅炉冷却水	方法 2	0.0
7	工业水至含煤废水加药	方法 5	0.0
8	工业水至输煤系统加药	方法 5	0.0

（4）主机循环水系统。主机循环水采用表面式间接空冷系统，汽轮机排汽与汽动给水泵排汽统一进入表面式凝汽器由循环水进行冷凝，循环水受热后经循环水泵升压进入自然通风间冷塔由空气冷却，冷却后的循环水再回至表面式凝汽器形成闭式循环。

每台机组配置 1 座自然通风间冷塔，采用一机一塔形式配置。循环水系统按照单元制布置，每台机组配 3 台循环水泵，1 套独立的进水/出水循环水管道，1、2 号机之间设有联络门。塔内循环水流程：间冷循环水泵→进冷却塔循环水母管→塔内地下进水母管→扇区支管→冷却三角底部进水母管→冷却三角（管束）→冷却三角底部回水母管→扇区支管→塔内地下回水母管→出冷却塔循环水母管→凝汽器水侧钢管→凝汽器水侧循环水出水母管→间冷循环水泵。

塔内每个扇区均设有旁通阀，必要时可将冷却扇区全部切除，循环水通过旁通阀实现循环。冬季每台机各起 2 台循环水泵，试验期间主机循环水系统存在泄漏。主机循环水系统水量分配图如图 9-4 所示，流量测定值汇总表见表 9-8。

表 9-8　主机循环水系统流量测定值汇总表（平均值）　m^3/h

序号	测点名称	测试方法	流量
1	除盐水至主机循环水补水	方法 2	34.1
2	主机循环水至热网补水	方法 2	0.0

续表

序号	测点名称	测试方法	流量
3	1 号机组主机循环水量	方法 2	24872.3
4	2 号机组主机循环水量	方法 2	25742.4

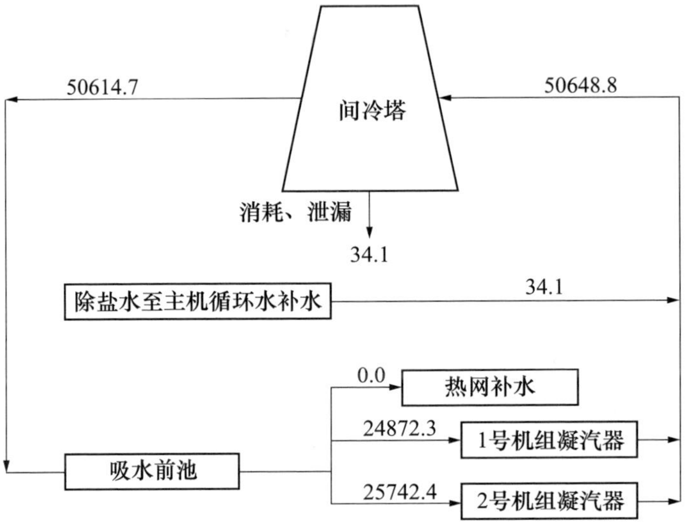

图 9-4　主机循环水系统水量分配图（单位：m^3/h）

（5）生活水及生活污水处理系统。生活用水水源为地下深井水，经 2 台深井泵升压后输送至厂区及厂外生活用水。厂区生活污水采用先进、成熟、可靠的生物接触氧化法二级生化处理工艺，出水指标达到一级排放标准。厂区生活污水全部收集至生活污水处理系统处理，厂区外生活污水外排市政污水管网。生活水及生活污水处理系统水量分配图如图 9-5 所示，流量测定值汇总表见表 9-9。

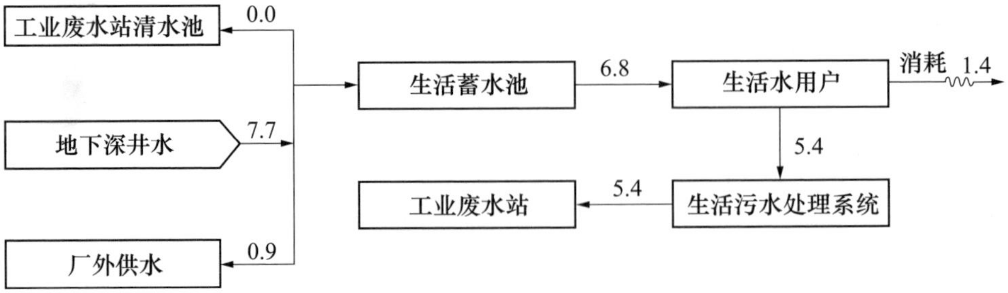

图 9-5　生活水及生活污水处理系统水量分配图（单位：m^3/h）

表 9-9　生活水及生活污水处理系统流量测定值汇总表（平均值）　m^3/h

序号	测点名称	测试方法	流量
1	深井泵供水母管	方法 1	7.7
2	厂内生活水供水母管	方法 2	6.8
3	厂外生活水供水	方法 3	0.9
4	生活污水处理系统出水	方法 5	5.4

（6）输煤及含煤废水处理系统。含煤废水处理系统水源来自煤场废水、运煤道路冲洗废水、转运站及栈桥冲洗水、煤场雨水等，废水收集最终汇集到废煤水池，产生的煤泥经煤泥提升泵输送至煤场，废水经煤水提升泵提升后部分用于煤泥输送管道冲洗，大部分送至煤水处理设备处理，处理后废水进入煤水回用水池复用。冬季水平衡试验期间含煤废水处理系统没有投运，系统补水来自开式水。输煤及含煤废水处理系统水量分配图如图 9-6 所示，流量测定值汇总表见表 9-10。

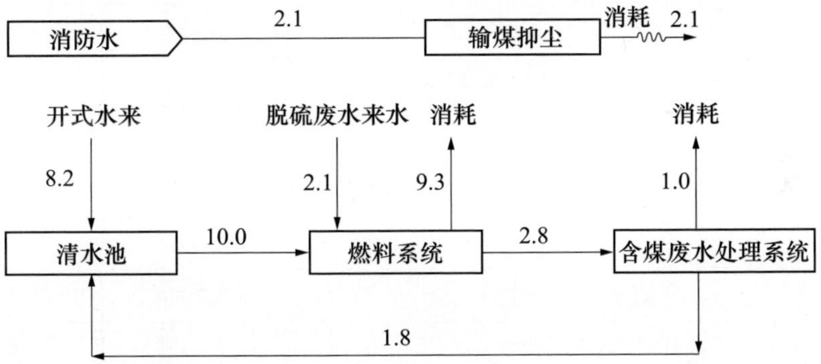

图 9-6　输煤及含煤废水处理系统水量分配图（单位：m^3/h）

表 9-10　输煤及含煤废水处理系统流量测定值汇总表（平均值）　m^3/h

序号	测点名称	测试方法	流量
1	消防水至输煤抑尘	方法 3	2.1
2	开式水至清水池补水	方法 2	8.2
3	脱硫废水至煤场喷洒	方法 1	2.1
4	冲洗水泵出口母管	方法 5	10.0

（7）工业废水处理系统。工业废水处理系统按照酸碱废水、经常性和非经常性废水分别收集，然后集中进行处理，系统主要设备有工业废水调节池、酸碱加药装置、澄清装置、气浮装置、自清洗过滤器等，澄清池的排泥水收集后送至原水预处理系统污泥处理系统，设计处理能力为 2 × 60m^3/h。

该系统处理的工业废水包括锅炉补给水处理系统排水、凝结水精处理系统再生排水、实验室排水、取样系统排水、机组启动排水、锅炉化学清洗排水、空气预热器清洗排水、锅炉烟气侧冲洗排水。冬季水平衡试验期间工业废水处理系统未投运，生产废水收集后通过经常性废水池溢流至脱硫废水蓄水池，工业废水处理系统水量分配图如图 9-7 所示，流量测定值汇总表见表 9-11。

表 9-11　工业废水处理系统流量测定值汇总表（平均值）　　m^3/h

序号	测点名称	测试方法	流量
1	主机循环水泵冷却水排水来	方法 2	0.0
2	1、2 号机组精处理取样排水来	方法 6	0.2
3	1、2 号机组汽水取样排水来	方法 6	2.7
4	热网取样来水	方法 6	0.2
5	发电机密封油装置真空泵冷却水排水	方法 6	2.3
6	凝结水泵密封水排水	方法 6	0.2
7	开式水系统排污来水	方法 3	3.8
8	预处理系统排泥来	方法 3	5.5
9	机组排水槽来水（精处理废水）	方法 5	2.3
10	PCF 过滤器排水来	方法 1	5.1
11	化学再生废水中和池来水	方法 3	16.5
12	脱硫废水蓄水池至脱硫工艺水箱	方法 1	52.4

（8）除灰渣系统。除灰渣系统采用干除渣、干除灰方式，干渣机事故喷淋采用开式水供水，干渣搅拌用水采用开式水回水。除灰渣系统水量分配图如图 9-8 所示，流量测定值汇总表见表 9-12。

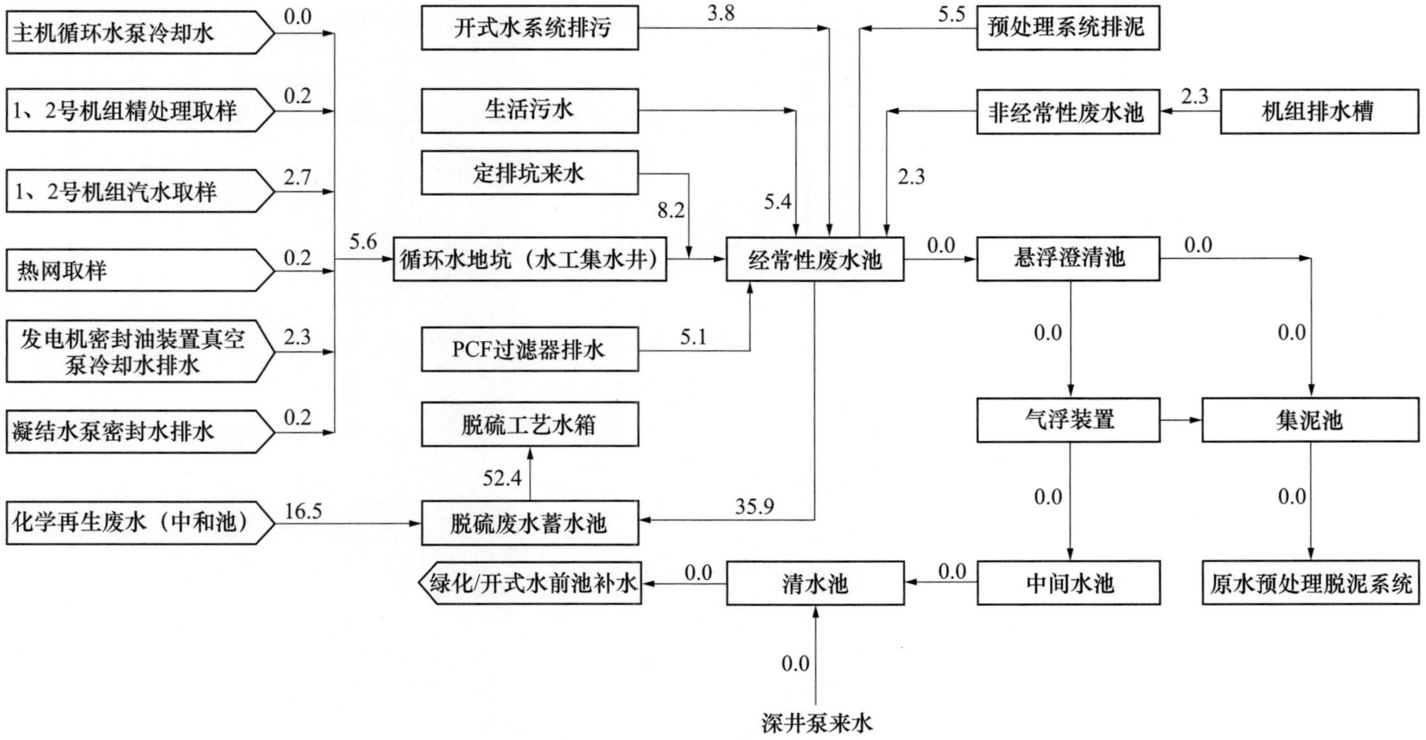

图 9-7　工业废水处理系统水量分配图（单位：m^3/h）

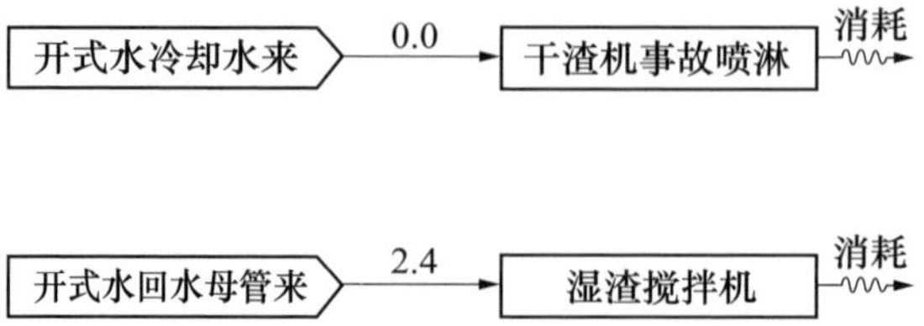

图 9-8　除灰渣系统水量分配图（单位：m^3/h）

表 9-12　除灰渣系统流量测定值汇总表（平均值） m^3/h

序号	测点名称	测试方法	流量
1	开式水至干渣机事故喷淋	方法 5	0.0
2	开式水回水母管至湿渣搅拌机	方法 5	2.4

（9）脱硫及脱硫废水处理系统。脱硫系统主要补充经过处理的废水。工艺水主要消耗有：吸收塔蒸发水、石灰石浆液制备用水、石膏结晶水、石膏游离水、除雾器冲洗、事故喷淋及所有浆液输送、贮存设备及管路的冲洗水。

脱硫系统设置公用工业水箱，为脱硫系统提供工业水，主要用于浆液循环泵、真空皮带脱水机及其他设备的冷却水及密封水。

脱硫废水处理系统中废水旋流器的溢流水由废水提升泵输送至中和箱，依次溢流至反应箱、絮凝箱和澄清浓缩池，在此过程中加入石灰乳、有机硫、絮凝剂、助凝剂等化学药品，去除废水中的重金属离子，处理后的废水由清水输送泵排出，作为煤场喷洒用水。脱硫及脱硫废水处理系统水量分配图如图 9-9 所示，流量测定值汇总表见表 9-13。

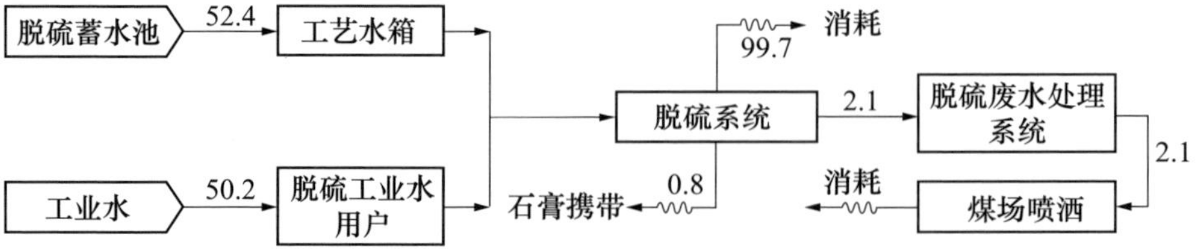

图 9-9　脱硫及脱硫废水处理系统水量分配图（单位：m^3/h）

表 9-13　　脱硫及脱硫废水处理系统流量测定值汇总表（平均值）　　m^3/h

序号	测点名称	测试方法	流量
1	脱硫蓄水池至脱硫工艺水箱	方法 1	52.4
2	工业水至脱硫工业水用户	方法 1	50.2
3	吸收塔蒸发损失	方法 3	99.7
4	石膏携带走水分	通过石膏产量及含水率统计计算	0.8
5	脱硫废水至煤场喷洒	方法 1	2.1

（10）除盐水及热力系统。除盐水通过除盐水泵输送到主厂房后作为凝补水箱补水、凝结水精处理系统再生用水、发电机定冷水补水、凝结水泵机封水、主机循环水补水等，以保证机组汽水循环系统的正常运行。对外供汽、汽水取样、汽水损失和锅炉排污等产生的废水主要有汽水取样疏排水、锅炉排污水、吹灰损失、精处理再生废水、生水加热器疏水等。精处理累计流量 70000 ~ 80000m^3 再生一次，再生一次水量 120 ~ 160m^3，锅炉排污根据化学化验结果确定，基本 2 天排污一次，生水加热采用低压辅助蒸汽，加热后蒸汽未回收，排入机组排水槽，除盐水及热力系统水量分配图如图 9-10 所示，流量测定值汇总表见表 9-14。

（11）闭式水系统。闭式水系统由两台闭式水泵、两台闭式水热交换器、一台闭式水箱及设备冷却水管道、关断阀、控制阀等组成。

闭式水系统采用化学除盐水，用凝结水输送泵向闭式水箱及其系统的管道充水，然后通过闭式水泵升压后在闭式回路中做循环；来自凝结水泵的凝结水（位于精处理装置出口母管处的支管）作为该系统正常运行时的补给水。

闭式水热交换器出口母管上设有取样接口，闭式水泵入口母管设有加药点，通过取样以及向系统加联氨来调整闭式水系统的 pH 值，改善水质。1、2 号机组闭式水系统水量分配图如图 9-11 所示，流量测定值汇总表见表 9-15。

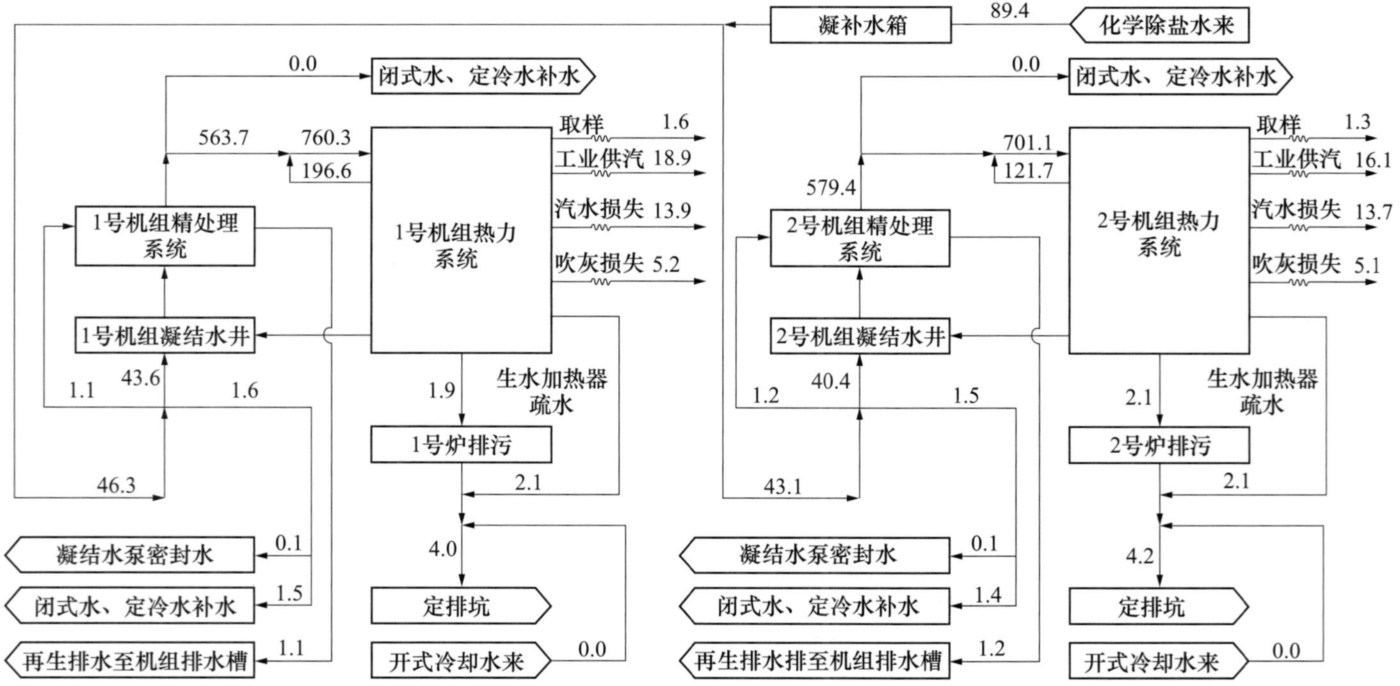

图 9-10　除盐水及热力系统水量分配图（单位：m^3/h）

表 9-14　　　除盐水及热力系统流量测定值汇总表（平均值）　　　m^3/h

序号	测点名称	测试方法	流量
1	除盐水来水至凝补水箱	方法 1	89.4
2	1 号机组精处理再生废水	方法 5	1.1
3	2 号机组精处理再生废水	方法 5	1.2
4	除盐水至 1 号机组锅炉补水	方法 1	43.6
5	除盐水至 2 号机组锅炉补水	方法 1	40.4
6	1 号锅炉排污	方法 3	1.9
7	2 号锅炉排污	方法 3	2.1
8	除盐水至 1 号机组闭式水及定冷补水	方法 2	1.5
9	除盐水至 2 号机组闭式水及定冷补水	方法 2	1.4
10	生水加热器疏水（1、2 号机组平均）	通过热力平衡估算，原水温度 2～3℃，采用 0.5MPa 低压蒸汽加热至 22～25℃	4.2
11	1 号机组吹灰损失	根据吹灰规律及吹灰器数量估算	5.2
12	2 号机组吹灰损失	根据吹灰规律及吹灰器数量估算	5.1
13	1 号机组汽水及精处理取样	方法 6	1.6
14	2 号机组汽水及精处理取样	方法 6	1.3
15	1 号机组工业供气损失	电厂报表统计	18.9
16	2 号机组工业供气损失	电厂报表统计	16.1
17	1 号机组汽水损失	方法 3	13.9

续表

序号	测点名称	测试方法	流量
18	2 号机组汽水损失	方法 3	13.7
19	开式水至定排坑冷却水	方法 5	0.0
20	1 号机组平均主蒸汽流量	DCS 后台统计查询	760.3
21	2 号机组平均主蒸汽流量	DCS 后台统计查询	701.1
22	1 号机组平均主凝结流量	DCS 后台统计查询	563.7
23	1 号机组平均主凝结流量	DCS 后台统计查询	579.4

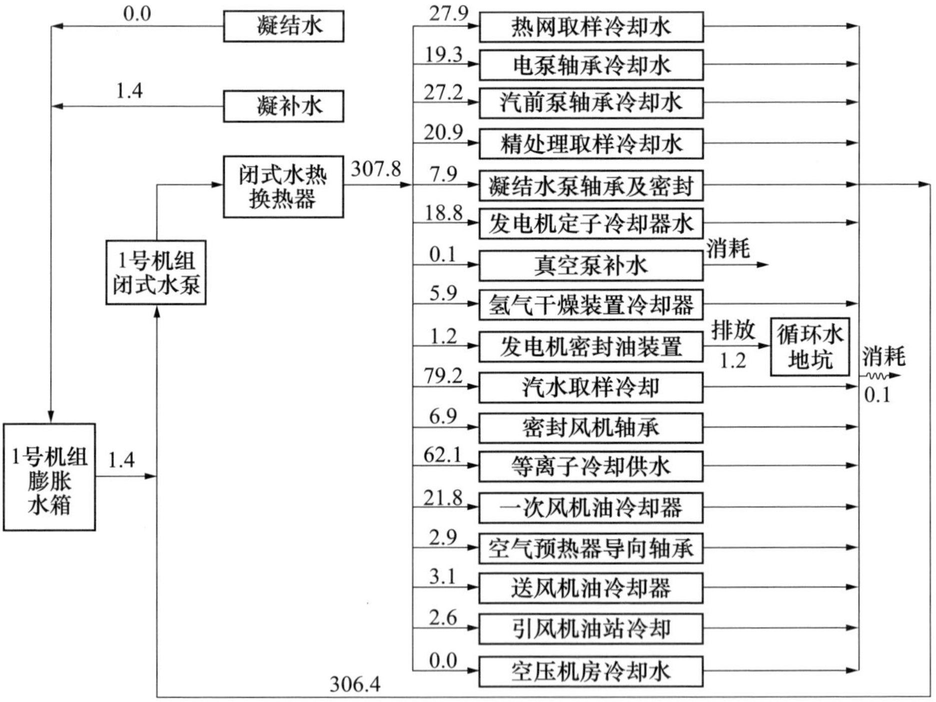

（a）

图 9-11　闭式水系统水量分配图（单位：m^3/h）（一）

（a）1 号机组

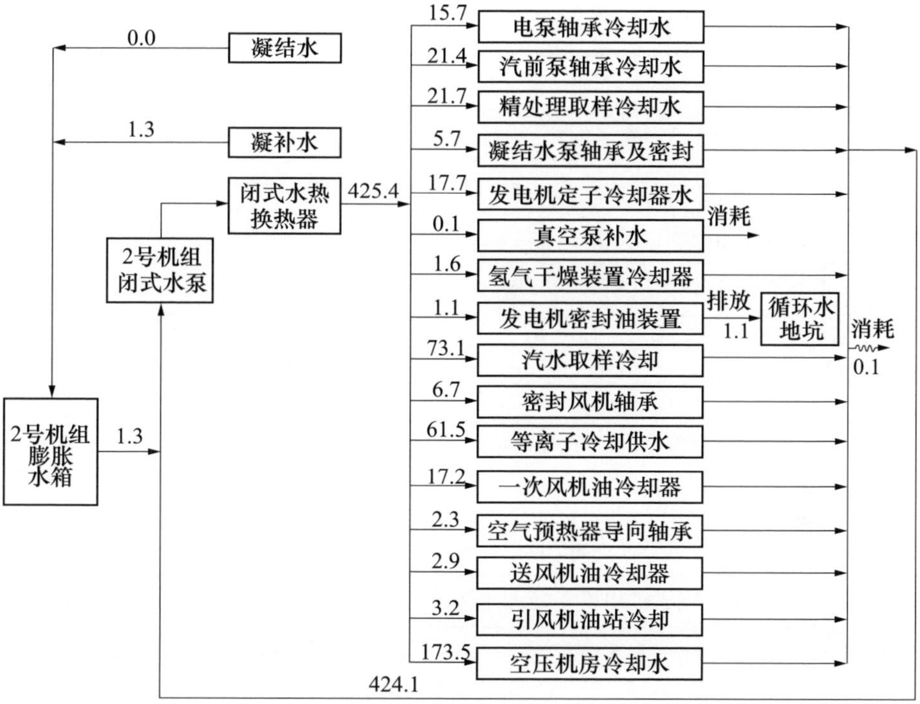

（b）

图 9-11　闭式水系统水量分配图（单位：m^3/h）（二）

（b）2 号机组

表 9-15　　闭式水系统流量测定值汇总表（平均值）　　m^3/h

序号	测点名称	测试方法	流量
1 号机组闭式水系统			
1	闭式水换热器出口	方法 2	307.8
2	热网取样冷却水	方法 2	27.9
3	电动给水泵轴承冷却水	方法 2	19.3
4	汽动给水泵前置泵冷却水	方法 2	27.2
5	精处理取样冷却水	方法 2	20.9
6	凝结水泵轴承冷却及密封水	方法 2	7.9
7	发电机定子冷却器冷却水	方法 2	18.8
8	真空泵补水	方法 2	0.1

续表

序号	测点名称	测试方法	流量
9	氢气干燥器装置冷却水	方法 2	5.9
10	发电机密封油装置冷却水	方法 6	1.2
11	汽水取样装置冷却水	方法 2	79.2
12	密封风机轴承冷却水	方法 2	6.9
13	等离子冷却供水	方法 2	62.1
14	一次风机油冷却器供水	方法 2	21.8
15	空气预热器导向轴承冷却水	方法 2	2.9
16	送风机油冷却器冷却水	方法 2	3.1
17	引风机油站冷却水	方法 2	2.6
18	空气压缩机房设备冷却水	方法 2	0.0
19	闭式水系统补水	方法 2	1.4
2 机组闭式水系统			
20	闭式水换热器出口	方法 2	425.4
21	电动给水泵轴承冷却水	方法 2	15.7
22	汽动给水泵前置泵冷却水	方法 2	21.4
23	精处理取样冷却水	方法 2	21.7
24	凝结水泵轴承冷却及密封水	方法 2	5.7
25	发电机定子冷却器冷却水	方法 2	17.7
26	真空泵补水	方法 2	0.1
27	氢气干燥器装置冷却水	方法 2	1.6
28	发电机密封油装置冷却水	方法 6	1.1
29	汽水取样装置冷却水	方法 2	73.1
30	密封风机轴承冷却水	方法 2	6.7
31	等离子冷却供水	方法 2	61.5
32	一次风机油冷却器供水	方法 2	17.2
33	空气预热器导向轴承冷却水	方法 2	2.3

续表

序号	测点名称	测试方法	流量
34	送风机油冷却器冷却水	方法 2	2.9
35	引风机油站冷却水	方法 2	3.2
36	空气压缩机房设备冷却水	方法 2	173.5
37	闭式水系统补水	方法 2	1.3

（12）发电机定冷水系统。发电机的定子绕组采用水内冷方式，冷却水系统用水由除盐水提供，凝结水补水作为备用水源，定冷水系统配有一套微碱自动加药装置。发电机定冷水系统水量分配图如图 9-12 所示，流量测定值汇总表见表 9-16。

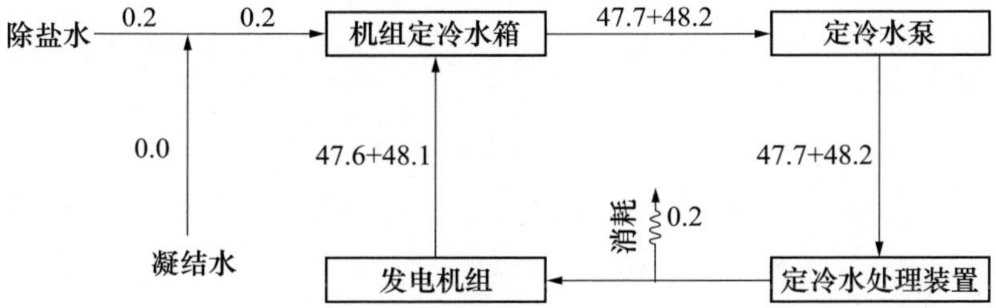

图 9-12　发电机定冷水系统水量分配图（单位：m^3/h）

表 9-16　　　发电机定冷水系统流量测定值汇总表（平均值）　　　m^3/h

序号	测点名称	测试方法	流量
1	除盐水至定冷水补水	方法 2	0.2
2	凝结水至定冷水补水	方法 2	0.0
3	1 号机组定冷水循环水量	方法 2	47.6
4	1 号机组定冷水循环水量	方法 2	48.1

（13）开式水系统。开式水采用带机力通风冷却塔的循环供水系统，冷却后的水由开式循环水泵升压后送至主厂房供辅机冷却，升温

后返回机力通风冷却塔冷却，再循环使用。

开式水系统主要用于水环真空泵冷却器、闭式水冷却器、主机润滑油冷却器、汽动给水泵润滑油冷却器、发电机氢冷器、热网循环水泵液力耦合器冷却水、电动给水泵电动机冷却水、电动给水泵油站冷却器、磨煤机润滑油冷却器、热网循环水泵轴承冷却器、软化水除氧器取样冷却器、热网补水泵轴承冷却水、热网疏水泵轴承冷却水、除渣系统用水、锅炉房冲洗水、定排坑冷却水、汽机房冲洗水、主机循环水泵轴承冷却水。开式水系统水量分配图如图 9-13 所示，流量测定值汇总表如表 9-17 所示。

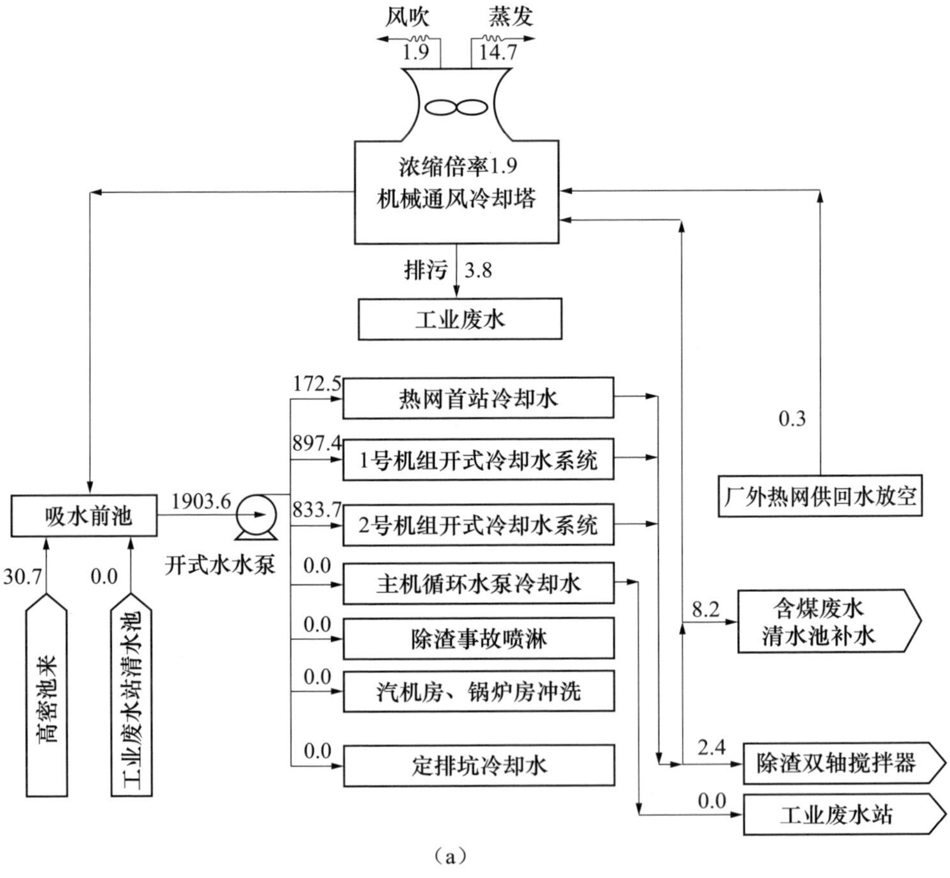

（a）

图 9-13　开式水系统水量分配图（单位：m^3/h）（一）

（a）总图

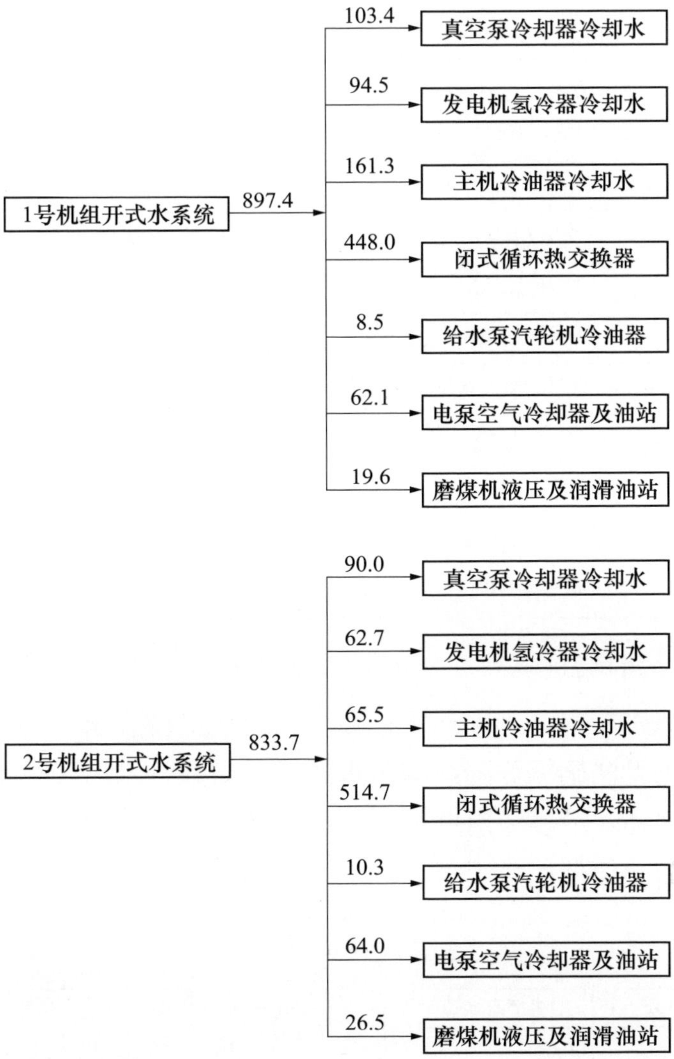

(b)

图 9-13　开式水系统水量分配图（单位：m^3/h）（二）

（b）分图

表 9-17　　开式水系统流量测定值汇总表（平均值）　　m^3/h

序号	测点名称	测试方法	流量
1	高密池至开式水前池补水	方法 1	30.7
2	厂外热网供、回水放空至开式水前池	方法 6	0.3

续表

序号	测点名称	测试方法	流量
3	开式水至热网首站冷却水	方法 2	172.5
4	1 号机组开式冷却水	方法 2	897.4
5	2 号机组开式冷却水	方法 2	833.7
6	主机循环水泵冷却水	方法 2	0.0
7	除渣事故喷淋	方法 5	0.0
8	汽机房、锅炉房冲洗	方法 5	0.0
9	定排坑冷却水	方法 5	0.0
10	开式水至除渣双轴搅拌器	方法 5	2.4
11	开式水至含煤废水清水池补水	方法 2	8.2
12	开式水排污至工业废水站	方法 3	3.8

（14）热网循环系统。热网补水主要有三路，一路为锅炉补给水处理车间热网补水泵来除盐水；另一路为主机循环水至热网补水；当两路补水仍无法确保热网系统用水时启动事故补水由开式水作为热网补水。热网补水主要为用户损耗。热网循环系统水量分配图如图 9-14 所示，流量测定值汇总表见表 9-18。

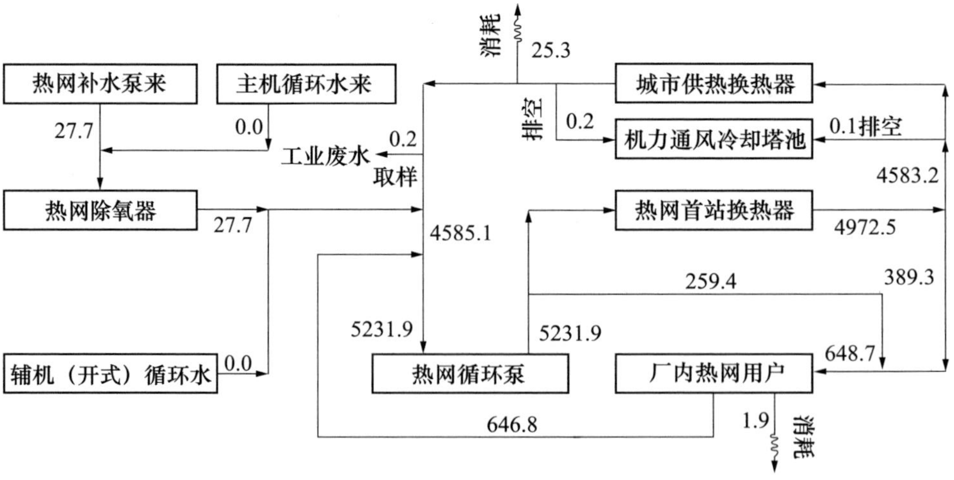

图 9-14　热网循环系统水量分配图（单位：m^3/h）

表 9-18　热网循环系统流量测定值汇总表（平均值）　m^3/h

序号	测点名称	测试方法	流量
1	热网补水至热网除氧器	方法 1	27.7
2	主机循环水至热网补水	方法 2	0.0
3	开式水至热网补水	方法 2	0.0
4	厂外热网供回水放空至冷却塔	方法 6	0.3
5	热网取样排水	方法 6	0.2
6	厂内热网供水	方法 2	646.8
7	厂内热网消耗	方法 3	1.9
8	厂外热网消耗	方法 3	25.3
9	厂外热网循环水量	DCS 后台统计查询	4583.2

四、试验结果评价

水平衡试验结果及简要评价如下：

（1）水平衡试验期间，全厂平均取水量为 269.2m^3/h，包含工业供气取水 35.0m^3/h，供热补水 27.7m^3/h，其中生活水为地下深井水，供水水量为 7.7m^3/h，生产用水量为 261.5m^3/h。

（2）水平衡试验期间，2 台机组循环水量为 59997.3m^3/h；串、回用水量为 580.2m^3/h；复用水量为 60577.5m^3/h（复用水量=循环水量+串、回用水量）。

（3）水平衡试验期间，2 台机组总用水量为 60846.7m^3/h（总用水量=总取水量+复用水量）。

（4）水平衡试验期间，2 台机组总损失水量为 268.3m^3/h（已扣除厂外生活供水 0.9m^3/h），其中总排水量为 0.0m^3/h。

（5）水平衡试验期间，2 台机组复用水率为 99.6%（复用水率=复用水量/总用水量）；2 台机组循环水率为 98.6%（循环水率=循环水量/总用水量）。

（6）水平衡试验期间，2 台机组发电平均负荷为 442.4MW，全厂平均单位发电量取水量的评价见表 9-19。

表 9-19　全厂平均单位发电量取水量评价汇总表　m^3/MWh

序号	标准	标准要求 单位发电量取水量	水平衡测试结果 单位发电量取水量	满足/ 不满足
1	GB/T 18916.1—2021	0.87	0.46	满足
2	GB/T 26925—2011	0.38		不满足
3	设计要求	0.40		不满足

注　全厂平均单位发电量取水量=发电取水量（扣除工业供气）/电厂平均发电量，中水按 1.2 系数折算。

（7）厂区生活用水量 $6.8m^3/h$，按全厂工作人员约 300 人计（包括常住检修维护人员），人均生活取水量为 544L/（人·d），人均生活取水量稍有偏高［GB 50013—2018《室外给水设计标准》规定地区划分属于二区Ⅱ类中小城市，人均生活取水 60～140L/（人·d）］。

五、节水建议

节水是一项系统工程，需要合理的工程设计和科学的水务管理，离不开采用高效的节水技术和先进的水处理设备。要根据国家各项节水、环保政策法规的要求，结合电厂实际情况，建立合理的水量平衡系统。

1．加强水务管理

加强水务管理工作参照第八章“五、节水建议”。

2．做好节水优化

（1）节水原则。参照第八章“五、节水建议”。

（2）节水优化方案。针对 × × 电厂提出如下主要节水措施：

1）加强设备、系统管线消缺力度，确保各水处理设备运行的可靠性，消除系统管线泄漏，主机循环水系统存在较大的漏失量，建议进行认真排查，消除泄漏和不合理使用。

2）人均生活用水量偏大，建议在厂区生活水主要分支管道上加装流量计，结合流量统计分析挖掘节水潜力。

3）建议对含煤废水处理系统设备进行及时检修、维护，确保设备能正常运转，处理能力能否满足要求，正常情况下禁止使用消防水进行冲洗。

4）建议冬季供暖前对热网系统检查并做压力试验，发现泄漏部位及时修复，减少系统损失水量，减轻化学供水压力，减少水资源浪费。

5）冬季原水水质较差，化学制水系统再生频繁，冬季供暖期间一天再生一次，建议增加超滤+反渗透装置。通过反渗透处理工艺，反渗透分离了水体中 98%左右的盐类离子，使得“一级复床+混床”再生用酸、碱量大为下降，只使用目前量的 2%左右，使全厂水体系中不再引入大量的盐类离子和氯离子，一方面提高了锅炉补给水处理系统的经济效益，也减少了进入系统盐量和氯离子的量。

6）若增加超滤+反渗透，建议改用开式冷却水回水作为化学制水水源，开式冷却水升温后约为 25℃，可满足超滤反渗透进水要求，采用这一水源作为锅炉补给水处理系统水源，一方面相当于加大了辅机循环水排污水量，降低辅机循环水的浓缩倍数，提高循环水系统安全性，减少循环水药剂投入量，另一方面可以减少冬季化学制水时由于水温低需采用蒸汽对水源进行加热所需的蒸汽量，减少电厂蒸汽耗量，提高经济效益。

7）目前脱硫系统工业冷却水未回收，冷却后全部作为工艺用水，建议工业冷却水应回收利用，脱硫工艺水应采用工业废水处理系统和生活污水处理系统处理合格后的水，实现梯级利用。

8）生水加热器疏水的水质较好，等同于除盐水，一直以来排放至定排坑，应回收至热力系统。

六、水平衡优化

对电厂水资源和废水资源进行合理的调配，增加水的梯级使用级数，综合利用各级废污水，杜绝跑冒滴漏现象，还可以进一步减少取水量，具有良好的社会效益和经济效益。

采取上述节水措施后，预计冬季试验工况下全厂发电取水量可由 206.5m^3/h，减少至 168.5m^3/h（已扣除工业供气及采暖），全厂单位发电量取水量可由 0.46m^3/MWh 降至接近 0.36m^3/MWh（按实际发电取水量计算）。

七、结论

（1）水平衡试验期间，两台机组实际平均单位发电量取水量为 0.46m^3/MWh，有很大的节水潜力。

（2）若本节方案全部实施，预计全厂发电取水量由 206.5m^3/h 可减少到 168.5m^3/h 左右，全厂将最少减少取水量约 38.0m^3/h，平均单位发电量取水量最少降至 0.36m^3/MWh，具有良好的经济、社会、环境效益。

八、附图

（1）试验工况下全厂水平衡图见图 9-15。

（2）优化后全厂水平衡图见图 9-16。

分析点评

空冷机组在“富煤缺水”的西、北部地区得到了广泛应用，并以直接空冷技术应用最为广泛，但直接空冷一直存在许多不可避免的弊端，为了保证散热器对汽轮机排汽的冷却能力，直接空冷系统配置了较多的风机用于强制通风，因此耗电较多，且运行维护工作量大。直接空冷系统由于排汽背压较大，因此煤耗会有明显的增加。

另外，我国西北地区尤其是内蒙古和新疆地区建设了大量的间接空冷机组。由于间接空冷系统基本上无电耗，维护量也较小。由于煤电价格不断上涨，重新对直冷和间冷的整体经济性进行评

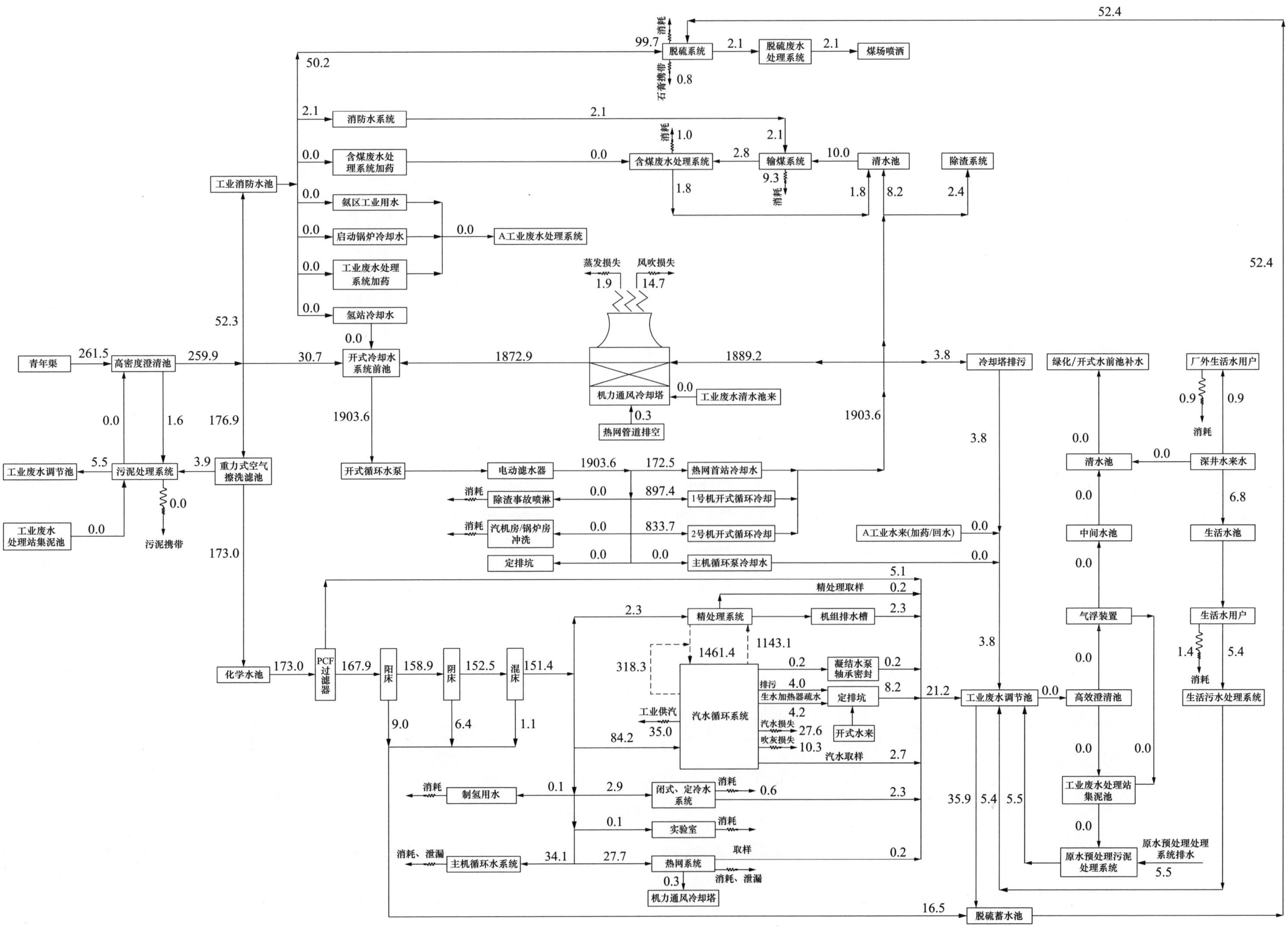

图 9-15　试验工况下全厂水平衡图（单位：m^3/h）

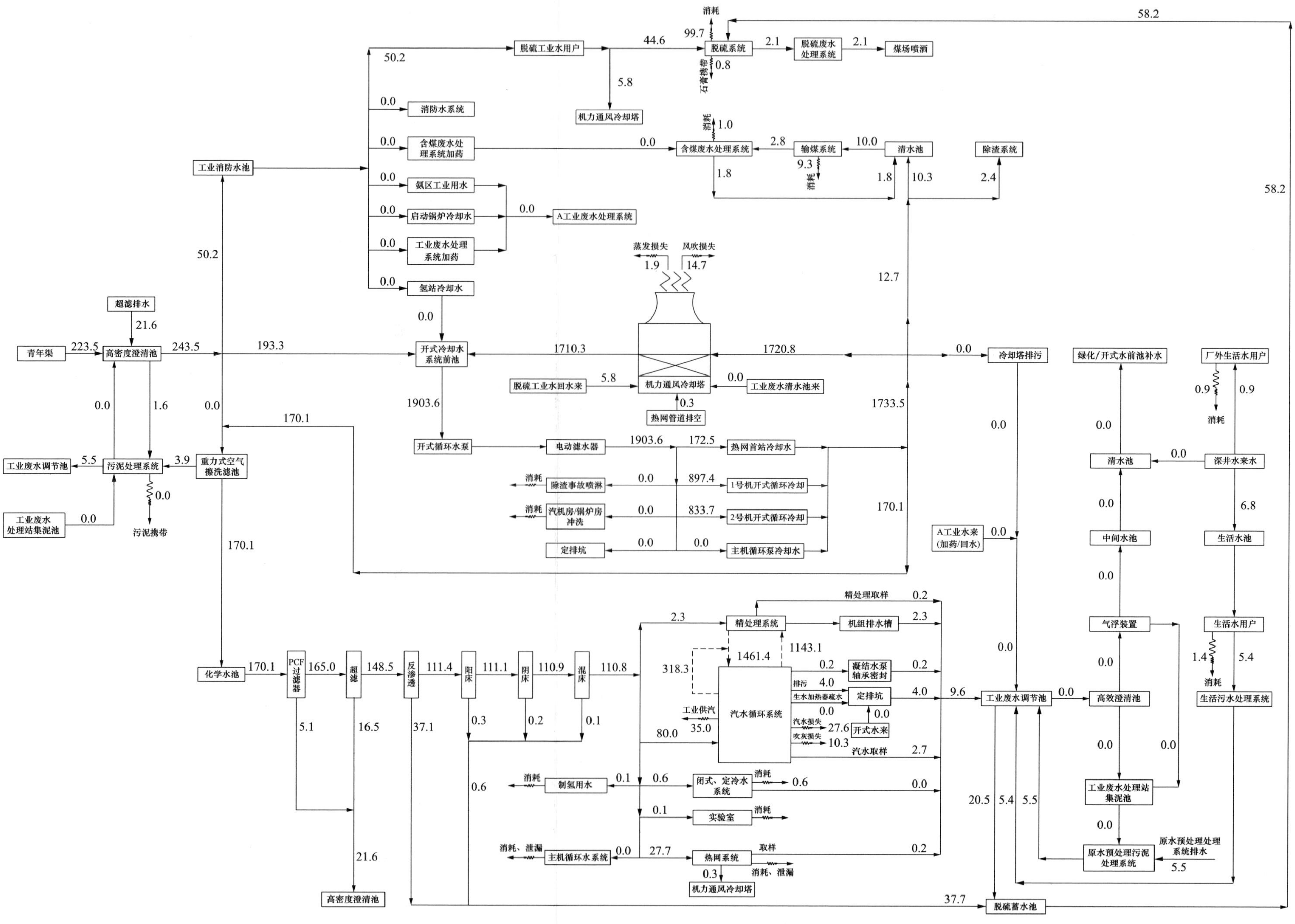

图 9-16 优化后全厂水平衡图（单位：m^3/h）

估之后，发现在运行成本不断增加的情况下，间接空冷在煤耗和厂用电量上的优势较直接空冷越来越突出。因此近年在缺水地区、高频风向多变地区或场地不利于直接空冷的地区，建设间接空冷机组也越来越多。

此类机组系统划分和测试方法与直接空冷基本一致。

第十章

案例分析——直流冷却机组

导读

本案例是按照规定的测试程序进行测试后汇编完成，主要是按照地方主管部门要求依据 GB/T 12452—2022《水平衡测试通则》改编而成，格式基本是工业水平衡试验的格式要求。

由于用水情况比较复杂，在改编的过程中，除编制全厂水平衡试验统计表、全厂用水分析表和全厂水平衡试验图外，还分别编制了用水系统水平衡试验表，绘制了用水系统水平衡方框图。

一、概述

1. 任务来源

水平衡试验是加强用水科学管理，最大限度地节约用水和合理用水的一项基础工作。为了摸清全厂取水、用水、排水情况，掌握电厂用水现状和各水系统用水量之间的定量关系，把握节水工作的重点，寻找节水的潜力，制定切实可行的用水、节水规划方案，为下一步办理取水许可证提供依据，××年××月××电厂委托××研究院进行全厂水平衡试验。

2. 试验目的

通过水平衡试验，对××电厂各种取水、用水、排水、耗水量进行测量，分析全厂水量分配、消耗及排放之间的平衡关系，查清电厂用水现况，正确地评价电厂的用水水平，并及时找出全厂及各分系统用水指标超标的原因，对现有水资源进行分级使用和回收，做到既保护用水设备的安全，又尽可能地减少取水量，同时减少废水的排放，以取得显著的经济和社会效益。

二、分系统水量分配

1. 基本情况

××电厂工程安装有 2×630MW 超临界燃煤机组，两台机组分别于 2007 年 2 月和 6 月投入商业运营。

2. 水源情况

本工程用水取自江水，以江水作为全厂用水水源，包括冷却水及生活、工业、消防的水源。江水温度沿程变化不大，多年平均水温 23.0℃，历年最高月平均水温 29.9℃，最低月平均水温 14℃。

3. 供、排水管网

（1）供水。循环水系统采用扩大单元制直流供水系统。循环水管道采用 DN3000 预应力钢筒混凝土管，厂外地形复杂段及主厂房 A 列附近采用ϕ3020×18 焊接钢管，支管采用ϕ2220×14 焊接钢管。

厂区内给水分别设置工业给水系统、生活给水系统、化学给水系统及消防给水系统。

净水站水源取自 1、2 号机组循环水进水管，另外在循环水泵房预设了 DN200 塑料给水管，作为全厂停机时的水源管。

工业给水采用扩大单元制，每台机组对应一台工业水泵和一条工业水干管，而空气压缩机房、除灰空气压缩机房、制氢站、化学水处理站、脱硫等设施为公用设施，这些地方都分别从两条工业水干管引一路管道，保证任何一台机组停机时公用设施都有工业水。

生活给水采用母管制。

（2）排水。循环水系统直流冷却温排水采用沟渠排放；厂区生活污水排水、工业废水排水及雨水排水采用完全分流制排水系统，各类废水经分类收集后全部回收利用，不外排。

4. 各用水系统概况及水量分配图

（1）取水及净水站供水系统。净水站的设计处理能为 600m³/h，最大处理能力为 860m³/h，其中工业用水的设计处理能力为 400m³/h，其最大处理能力为 600m³/h。净水系统设 2 座 430m³/h 机械搅拌澄清池，3 座 120m³/h 重力式无阀滤池，2 座 1000m³ 生活消防水池，1 座 2000m³ 工业水池，处理后的水用于工业冷却水和消防及生活用水。水量分配图如图 10-1 所示。

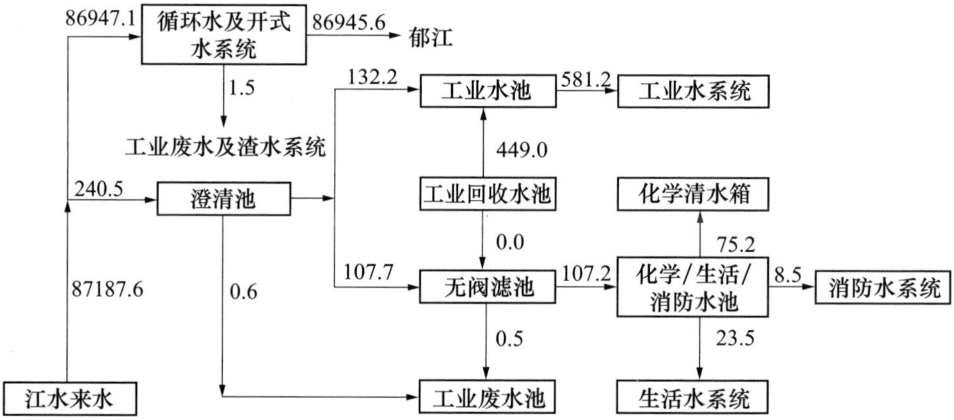

图 10-1　取水及净水站供水系统水量分配图（单位：m³/h）

（2）循环水及开式水系统。循环水系统采用开式循环，每台 630MW 机组配置两台并联运行的循环水泵，循环水先进入低背压凝汽器，再经高背压凝汽器后由管道排至江中。一期工程 2 台机组共设 4 台循环水泵。

开式水母管接自循环水供水母管进入主厂房之前的管道，为了满足设备对冷却水压力的要求，该系统设置了两台 100%容量的开式水泵以及自动旋转滤网装置。该系统主要向闭式循环水热交换器、发电机氢冷器、真空泵冷却器、主冷油器、真空泵汽轮机润滑油冷却器、电动给水泵电动机空气冷却器、电动给水泵工作/润滑油冷却器、磨煤机工作/润滑油站冷却器、锅炉排渣系统等设备提供冷却水。循环水及开式水系统水量分配图如图 10-2 所示。

（3）锅炉补给水处理系统。锅炉补给水处理系统工艺流程：清水箱→超滤装置→活性炭过滤器→一级除盐→混床，一级除盐为单元制，其余为母管制。单台出力为 85m³/h 的超滤装置 5 套、80m³/h 的活性炭过滤器 5 台、120m³/h 的一级除盐设备 3 套、单台正常出力为 120m³/h 的混床 3 台。

净水站生活消防水池中清水经化水升压泵至清水箱，再通过超滤装置过滤后进入超滤产水箱，然后经活性炭过滤器过滤除去有机物和余氯等，进入除盐系统。一级除盐设备采用单元制运行方式，混床为体内再生混床，采用母管制运行方式。锅炉补给水处理系统水量分配图如图 10-3 所示。

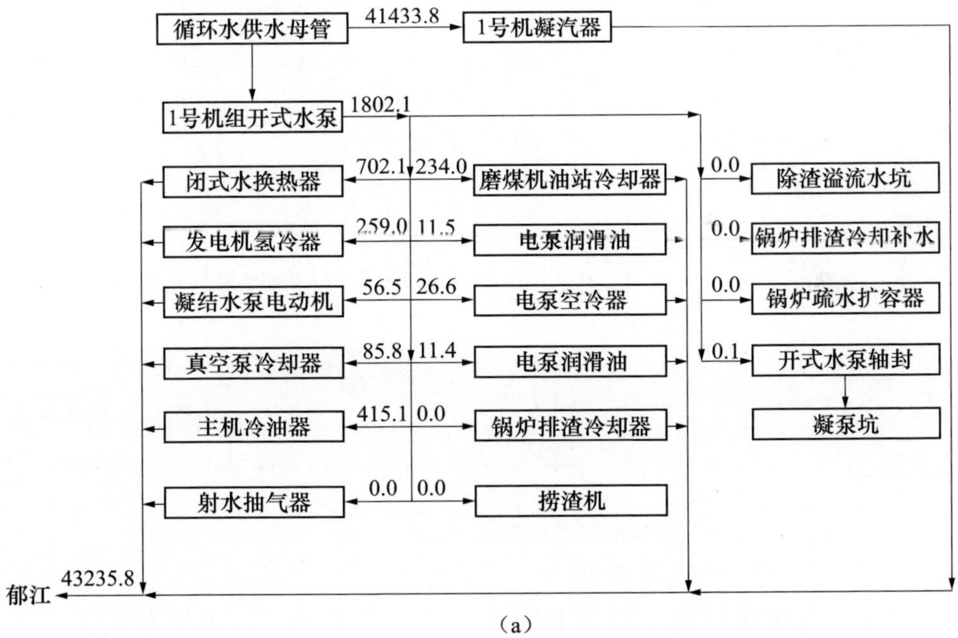

图 10-2　循环水及开式水系统水量分配图（单位：m³/h）（一）

（a）1 号机组

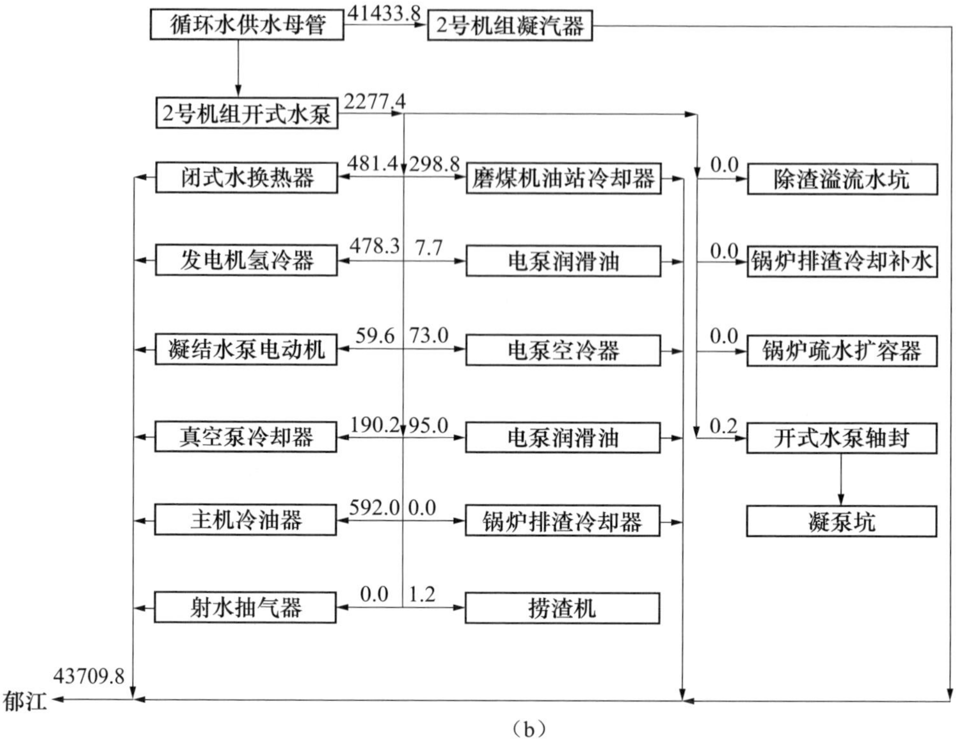

（b）

图 10-2　循环水及开式水系统水量分配图（单位：m³/h）（二）

（b）2 号机组

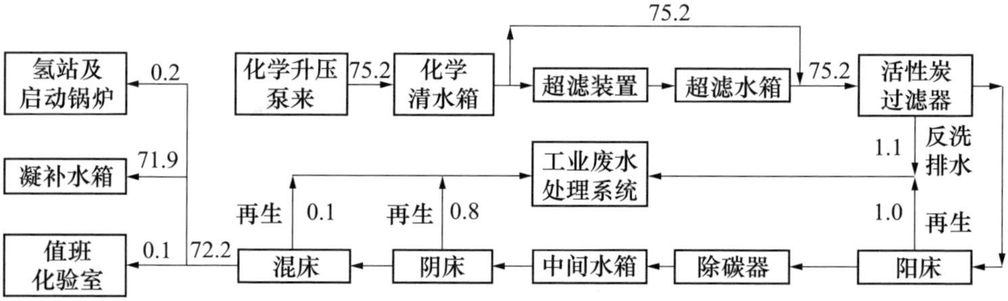

图 10-3　锅炉补给水处理系统水量分配图（单位：m³/h）

（4）工业水系统。工业水系统使用经过澄清池过滤后储存于工业水池中的水。空气压缩机房、除灰空气压缩机房、制氢站、化学水处理站、脱硫设施为公用设施。工业水冷却后大部分都回收至工业水回收水池，其中大部分经管道流向工业水池循环使用；小部分用于脱硫工艺水箱补水和燃料冲洗喷淋。工业水系统水量分配图如图 10-4 所示。

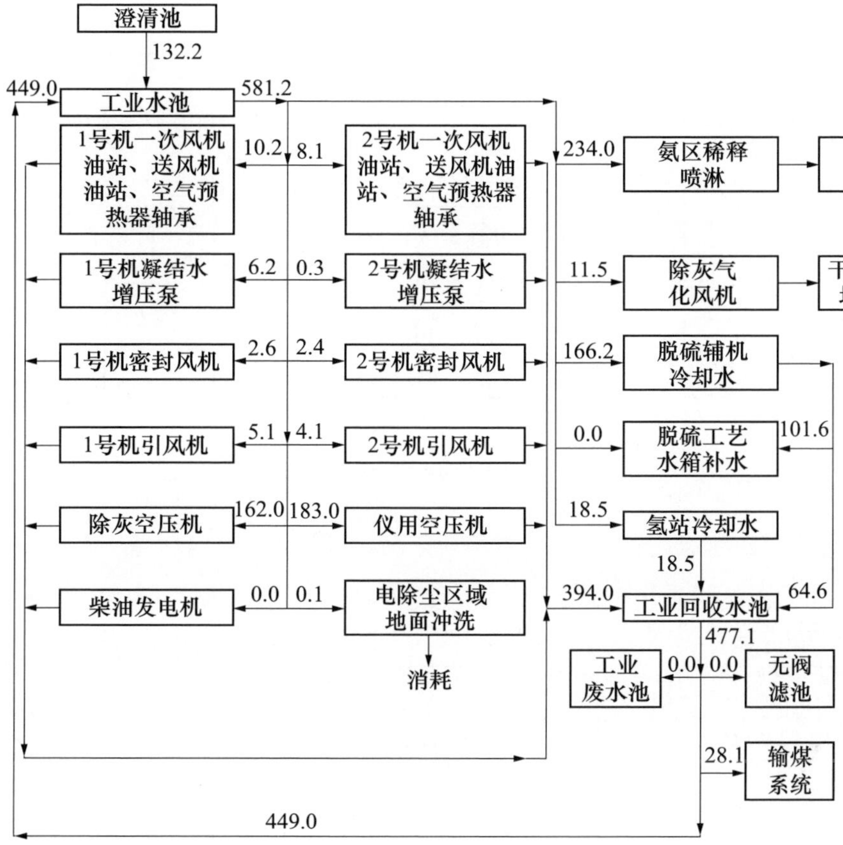

图 10-4　工业水系统水量分配图（单位：m^3/h）

（5）闭式水系统。闭式水系统主要向冷却水质要求高的设备提供冷却水，主要冷却汽动给水泵及前置泵机械密封冷却器、电动给水泵及前置泵机械密封冷却器、发电机定子水冷却器、发电机空侧密封油冷却器、氢干燥器冷却水、开式泵轴承、EH 油冷却器、凝结水泵轴承、二氧化碳加热器、等离子冷却水、水环真空泵补水、水汽取样装置冷却水、暖通空调补水等冷却水等。系统内设两台闭式循环水泵，一台闭式膨胀水箱和两台闭式循环水热交换器。1、2 号机组闭式水系统水量分配图如图 10-5 所示。

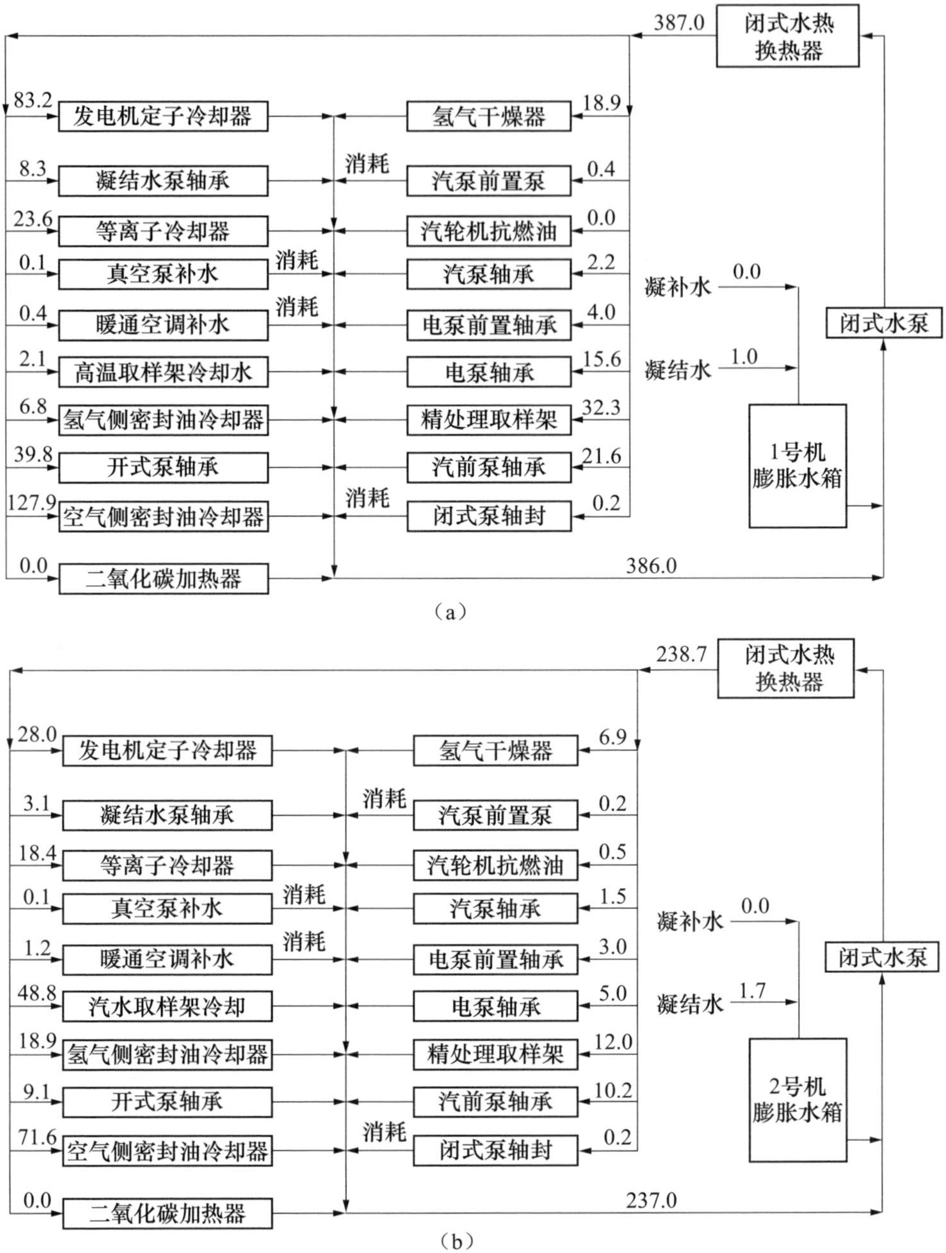

图 10-5　闭式水系统水量分配图（单位：m^3/h）

（a）1 号机组；（b）2 号机组

（6）消防水系统。消防水系统分为厂区消防水系统和煤场消防水系统。厂区消防水系统包括 1000m^3 消防水池，一台电动消防泵，一台柴油机消防泵。1000m^{3}生活水池与消防水池之间布置有联通管，可作为备用消防水池。消防水系统水量分配图如图 10-6 所示。

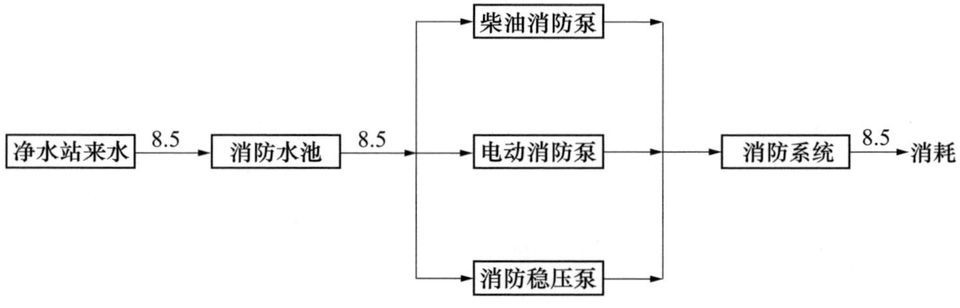

图 10-6　消防水系统水量分配图（单位：m^3/h）

（7）生活水及生活污水处理系统。生活水池补水来自无阀滤池过滤后的出水，然后由生活水泵升压后供给厂区生活水用户和生活区生活水用户，生活水及生活污水处理系统水量分配图如图 10-7 所示。

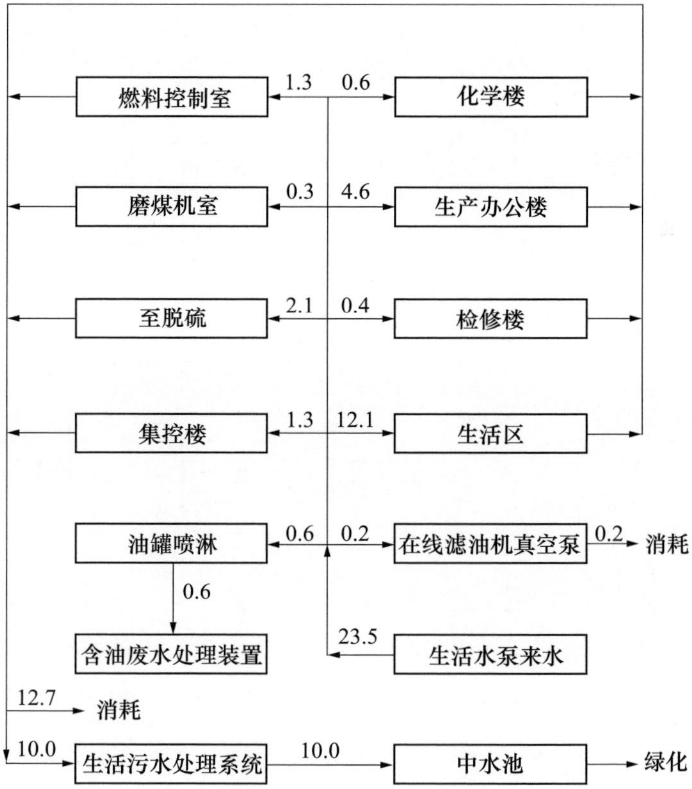

图 10-7　生活水及生活污水处理系统水量分配图（单位：m^3/h）

（8）工业废水处理系统。工业废水处理系统设计实行清污分流处理，但不收集生活污水、含油污水和输煤系统冲洗水。经常性废水排水中，锅炉补给水处理系统的再生废水排至工业废水处理站的废水贮存池，进行中和处理达标后排至废水复用水池或排放，精处理再生废水首先排至机组排水槽，然后用废水输送泵至工业废水处理站废水贮存池。净水站的反洗水排至非经常性废水贮存池。锅炉酸洗水、各种冲洗水、机组启动排水等非经常性废水，首先排至炉后机组排水槽，然后用废水泵至工业废水贮存池。在废水贮存池内可进行曝气、氧化及 pH 值的粗调，合格后回用于脱硫系统作为脱硫工艺用水。工业废水处理系统水量分配图如图 10-8 所示。

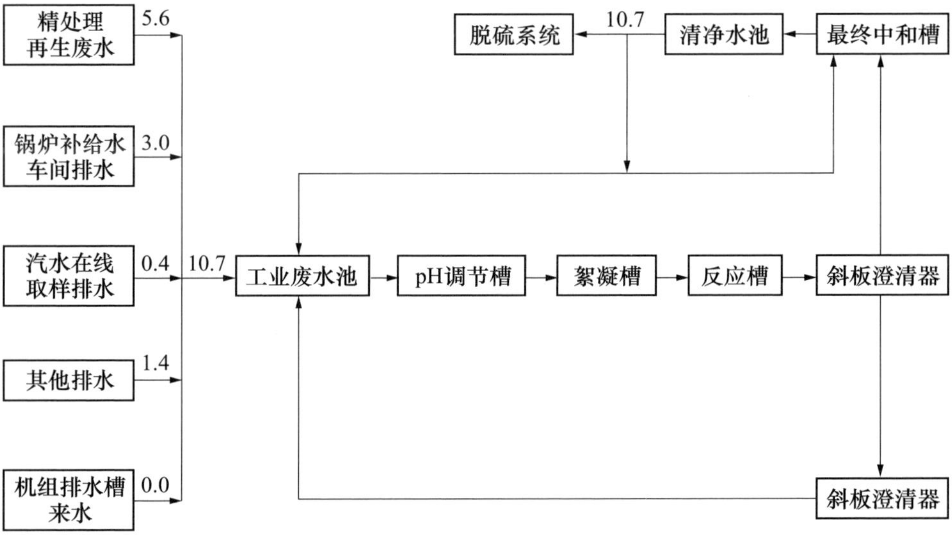

图 10-8　工业废水处理系统水量分配图（单位：m^3/h）

（9）发电机定冷水系统。发电机组采用水-氢-氢冷却方式，系统正常补水由凝结水输送泵出口，经电磁阀、离子交换器后进入定冷水箱。正常运行时，为改善进入发电机定子线圈的水质，将进入发电机总量的 3%～5%的水，不断地经过离子交换器进行处理，然后返回水箱。1、2 号机组发电机定冷水系统水量分配图如图 10-9 所示。

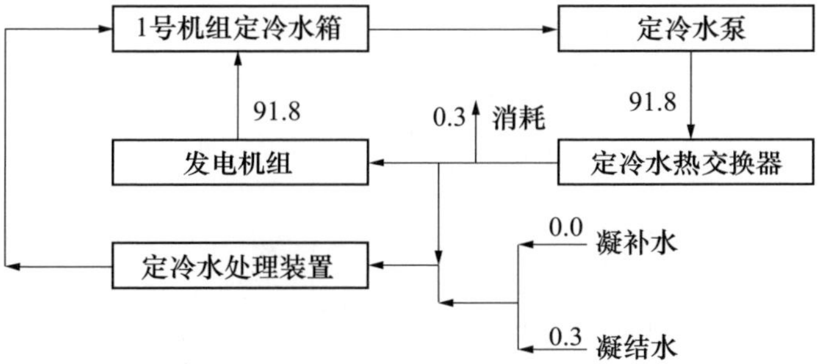

（a）

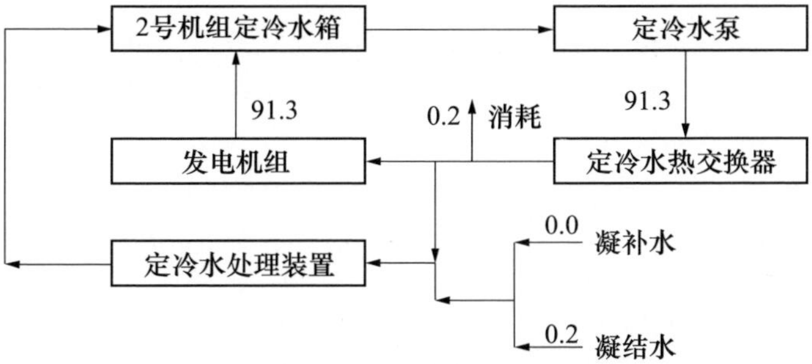

（b）

图 10-9 发电机定冷水系统水量分配图（单位：m^3/h）

（a）1 号机组；（b）2 号机组

（10）脱硫系统。脱硫工艺为石灰石—石膏湿法脱硫工艺，采用一炉一塔的形式进行配置，并共用工艺水系统、制浆系统、石膏脱水系统、废水处理系统、事故浆液系统等公用系统。通过调整烟气流速、循环浆液量、浆液 pH 值等技术条件来提高脱硫效率。设计条件下，烟气脱硫效率大于等于 95%。

吸收塔工艺水来自工业水，主要用于吸收塔浆池、石灰石浆液制备系统运行的启动用水和补水；所有浆液输送设备、输送管路、贮存箱的冲洗水；真空皮带脱水机滤饼清洗用水、真空皮带脱水机滤布冲洗用水、真空泵用水；脱硫系统机械密封、冷却用水。脱硫系统辅机冷却水回水一部分回至脱硫工艺水箱,另一部分回至工业水回收水池。脱硫废水用于煤场喷洒，也可以用于捞渣机补水。脱硫系统水量分配图如图 10-10 所示。

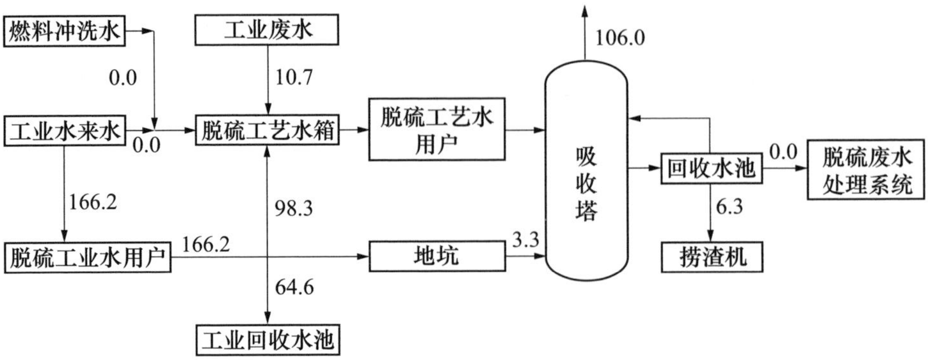

图 10-10　脱硫系统水量分配图（单位：m^3/h）

（11）输煤系统。输煤系统用水主要是输煤栈道冲洗和煤场喷洒降温除尘用。输煤系统用水主要来自工业水回收水池冲洗水泵和脱硫废水。目前含煤废水直接在煤水沉淀池由水泵提升至煤场，输煤系统水量分配图如图 10-11 所示。

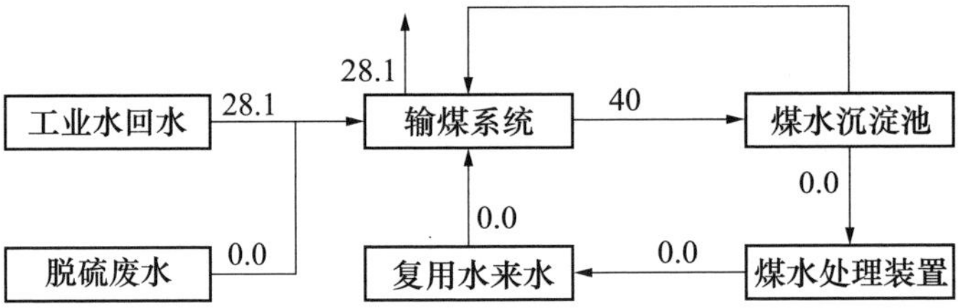

图 10-11　输煤系统水量分配图（单位：m^3/h）

（12）热力循环系统。热力循环系统工艺流程：凝结水→凝结水泵→精处理→低压加热器→除氧器→高压加热器→省煤器→锅炉→汽轮机做功→发电机发电。高温蒸汽做功后一部分经再热器重新加热再回汽轮机做功，另一部分进行抽气送高、低压加热器加热给水和对外供热，剩余部分经凝汽器换热后变成液态水，再循环使用。在热力系统循环过程中会有汽水损失，化学除盐水补入凝汽器热井，补充热力系统汽水损失。凝结水采用前置过滤器+中压精处理过滤工艺，树脂再生采用高塔分离技术，热力循环系统水量分配图如图 10-12 所示。

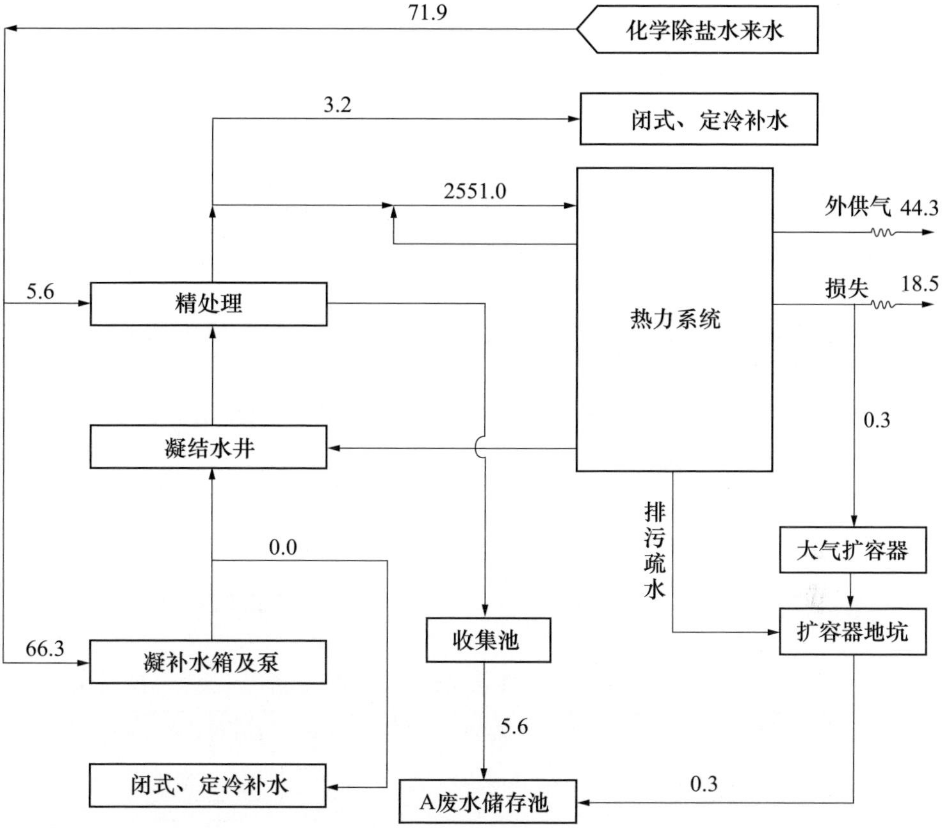

图 10-12　热力循环系统水量分配图（单位：m^3/h）

（13）含油废水处理系统。含油废水处理装置安装在污水处理站的含油含煤废水处理室中，含油废水处理装置出力 $5m^3/h$。处理后水质小于等于 20mg/L，含油量小于等于 10mg/L。

含油废水处理工艺采用波纹板液相分离技术，即含油废水通过管道自流至隔油池，隔油池设有撇油除渣装置可去除浮油及污水下部的泥渣，然后进行水量、水质的调节，再用水泵输送至油水分离器进行处理，处理后的水含油量小于 10mg/L。含油废水处理装置和撇油除渣装置为间断运行，含油废水处理系统水量分配图如图 10-13 所示。

（14）除渣系统。除渣系统的补水为开式水和脱硫废水，溢流水坑收集到的渣水原设计是由泵提升后经过板式换热器降温和过滤器过滤后再进入捞渣机复用，后来因为容易堵塞，所以板式换热器和过滤器停用，溢流水坑中的渣水直接又回到捞渣机。系统的消耗水主要是蒸发和固废带走，渣仓析水被回收使用。除渣系统水量分配图如图 10-14 所示。

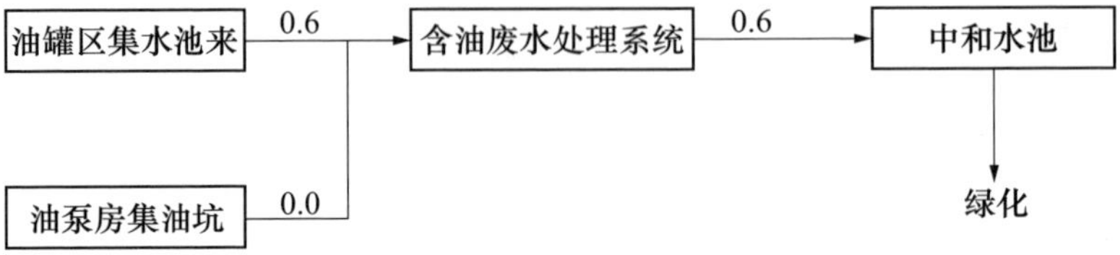

图 10-13　含油废水处理系统水量分配图（单位：m^3/h）

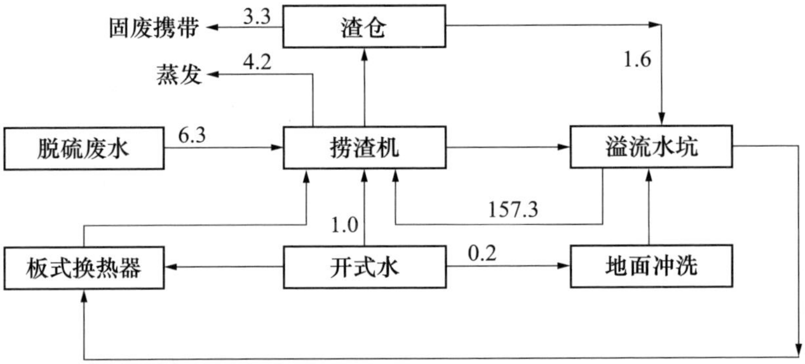

图 10-14　除渣系统水量分配图（单位：m^3/h）

5. 用水计量情况

（1）标准要求。水计量器具配备和管理参照第二章的“五、水计量器具配备”。

（2）水计量设施情况。水平衡试验期间，对该厂区从取水水源到各个用水单元的管网进行了排查，对该厂区按工艺系统情况进行了分析，厂区内应装一级表 9 块、二级表 6 块、三级表 45 块。

目前该单位实际安装各级计量水表 55 块，其中一级表 9 块、二级表 6 块、三级表 40 块。

6. 已有的主要节水措施

××电厂在生产过程中考虑加强水务管理设计，降低用水指标；采用梯级用水、一水多用等节水原则，实施建设了多个节水改造项目，节水水平较为先进。已实施的节水措施：

（1）全厂原有小型辅机及附属设备冷却水基本上实现了全部回收利用。

（2）对锅炉补给水车间废水分类收集，回收利用，减少取水量。

（3）实现了雨污分流，消除了生活污水、部分区域含煤废水和含油废水对环境的污染，消除了环保风险。

（4）对生活污水处理系统进行重新选型设计，考虑了容量不足的情况，并实现了处理后生活污水的100%回用，节约了工业水和生活水的消耗。

（5）修复了含油废水处理系统，合格出水复用。

（6）对露天煤场区域进行初期雨水核算，根据计算结果及现场勘查对煤水沉淀池进行扩容；新增运煤道路冲洗及雨水收集装置，并对含煤废水处理系统重新选型设计。并考虑了容量不足的情况，确保含煤废水处理及回用系统的水正常内循环运行。

三、试验工况

1. 试验原则和技术依据

水平衡试验原则和技术依据参考附录一。

2. 试验内容

（1）循环水及开式水系统各部分水量的测定、计算。

（2）工业水系统水量的测定、计算。

（3）全厂生活总用水量的测定、计算。

（4）全厂废水及污水处理系统水量、全厂总排水量、回用水量的测定和计算。

（5）锅炉补给水处理系统各部分水量的测定与计算。

（6）机组补水各部分水量的测定与计算。

（7）输煤系统各部分水量的测定与计算。

（8）脱硫系统各部分水量的测定与计算。

（9）除灰渣系统各部分水量的测定与计算。

（10）热力系统水量的测定与计算。

（11）全厂总取水量、总用水量、复用水量、循环水量、耗水量的测定与计算。

3. 试验仪器

试验仪器见表10-1，其中试验仪器的检定/校验日期应在有效期内。

表10-1　　试　验　仪　器

序号	工器具名称	型号规格	数量	备注
1	便携式超声波流量计	PT900	3套	在检定有效期
2	测厚仪	PT9-TG测厚探头	3个	
3	电子秒表	PC2009	1个	
4	各型探头	510、591、592等	6对	
5	数据传输线		6条	
6	量筒	500mL	2个	

四、试验结果汇总

（1）取水及净水站供水系统水量试验平衡表见表10-2。

表10-2　　取水及净水站供水系统水量试验平衡表　　m^3/h

测点名称	来水性质	去向	测试方法	流量
江来水（扣除直流冷却）	输入新水	各用水系统	方法1	242.0
循环水及开式水系统（扣除直流冷却）	输出串用	循环水及开式水系统	方法3	1.5
工业水池补水	输出串用	工业水池	方法3	132.2
化学升压泵出口	输出串用	化学清水池	方法1	75.2
生活水泵母管出口	输出串用	生活水用户	方法1	23.5
消防水泵母管出口	输出串用	消防水用户	方法1	8.5

续表

测点名称	来水性质	去向	测试方法	流量
澄清池排水	输出排放	工业废水	方法 5	0.6
无阀滤池反洗水	输出排放	工业废水	方法 5	0.5

注 系统输入水量为 242.0m³/h，其中，输入新水水量为 242.0m³/h；系统输出水量为 242.0m³/h，其中，输出串用水量为 242.0m³/h，输出排水量为 0m³/h。输入、输出水量平衡。

（2）1 号机组循环水及开式水系统水量试验平衡表见表 10-3。

表 10-3　1 号机组循环水及开式水系统水量试验平衡表　m^3/h

测点名称	来水性质	去向	测试方法	流量
输入串用水量（扣除直流）	输入串用	开式水补水	方法 2	0.1
至凝汽冷却水	直流冷却	江	方法 3	41433.8
至开式水系统	直流冷却	江	方法 3	1802.0
至开式泵冷却水	输出串用	工业废水	方法 3	0.1
渣水系统补水	输出串用	工业废水	方法 3	0.0

注 系统输入水量为 0.1m³/h，其中，输入串用水量为 0.1m³/h，直流冷却水量为 43235.8m³/h；系统输出水量为 0.1m³/h，其中，输出串用水量为 0.1m³/h，输出排水量为 0.0m³/h。输入、输出水量平衡。

（3）2 号机组循环水及开式水系统水量试验平衡表见表 10-4。

表 10-4　2 号机组循环水及开式水系统水量试验平衡表　m^3/h

测点名称	来水性质	去向	测试方法	流量
输入串用水量（扣除直流）	输入串用	开式水补水	方法 2	1.4
至凝气冷却水	直流冷却	江	方法 3	41433.8
至开式水系统	直流冷却	江	方法 3	2276
至开式泵冷却水	输出串用	工业废水	方法 3	0.2
渣水系统补水	输出串用	工业废水	方法 3	1.2

注 系统输入水量为 1.4m³/h，其中，输入串用水量为 1.4m³/h，直流冷却水量为 43709.8m³/h；系统输出水量为 1.4m³/h，其中，输出串用水量为 1.4m³/h，输出排水量为 0.0m³/h。输入、输出水量平衡。

（4）锅炉补给水处理系统水量试验平衡表见表 10-5。

表 10-5　　锅炉补给水处理系统水量试验平衡表　　m^3/h

测点名称	来水性质	去向	测试方法	流量
化学升压水泵出口来水	输入串用	化学清水池	方法 1	75.2
除盐水母管至制氢站	输出消耗	制氢站	方法 5	0.2
除盐水母管至凝补水箱	输出串用	热力系统	方法 3	71.9
化学实验室用水	输出消耗	消耗	方法 5	0.1
活性炭过滤器排水	输出串用	工业废水池	方法 5	1.1
阳床排水	输出串用	工业废水池	方法 5	1.0
阴床排水	输出串用	工业废水池	方法 5	0.8
混床排水	输出串用	工业废水池	方法 5	0.1

注　系统输入水量为 $75.2m^3/h$，其中，输入串用水量为 $75.2m^3/h$；输出水量为 $75.2m^3/h$，其中，输出串用水量为 $74.9m^3/h$，输出耗水量为 $0.3m^3/h$。输入、输出水量平衡。

（5）工业水系统水量试验平衡表见表 10-6。

表 10-6　　工业水系统水量试验平衡表　　m^3/h

测点名称	来水性质	去向	测试方法	流量
工业水池补水流量	输入串用	工业水池	方法 3	132.2
工业水回收水池至工业水池	循环水	工业水池	方法 3	449.0
工业水回收至脱硫系统	输出串用	脱硫系统	方法 3	101.6
工业水回水至输煤系统	输出串用	输煤系统	方法 3	28.1
工业水至氨区稀释喷淋	输出串用	工业废水系统	方法 5	0.4
工业水至气化风机冷却水	输出消耗	除灰系统	方法 5	2.0
工业水至电除尘区域地面冲洗水	输出消耗	除灰系统	方法 5	0.1

注　系统输入水量为 $132.2m^3/h$，其中，输入串用水量为 $132.2m^3/h$，循环水量为 $449.0m^3/h$；系统输出水量为 $132.2m^3/h$，其中，输出串用水量为 $130.1m^3/h$，输出耗水量为 $2.1m^3/h$。输入、输出水量平衡。

（6）1 号机组闭式水系统水量试验平衡表见表 10-7。

表 10-7　　1号机组闭式水系统水量试验平衡表　　m^3/h

测点名称	来水性质	去向	测试方法	流量
凝结水至膨胀水箱补水	输入串用	膨胀水箱	方法 2	1.7
闭式循环水回水母管	循环水	闭式水交换器	方法 2	237.0
汽动给水泵前置泵机械密封水	输出消耗	消耗	方法 5	0.2
闭式泵轴封水	输出消耗	消耗	方法 5	0.2
真空泵补水	输出消耗	消耗	方法 5	0.1
暖通空调补水	输出消耗	消耗	方法 2	1.2

注　系统输入水量为 1.7m^3/h，其中，输入串用水量为 1.7m^3/h，循环水量为 237.0m^3/h；系统输出水量为 1.7m^3/h，其中，输出耗水量为 1.7m^3/h。输入、输出水量平衡。

（7）2号机组闭式水系统水量试验平衡表见表 10-8。

表 10-8　　2号机组闭式水系统水量试验平衡表　　m^3/h

测点名称	来水性质	去向	测试方法	流量
凝结水至膨胀水箱补水	输入串用	膨胀水箱	方法 2	1.0
闭式循环水回水母管	循环水	闭式水热交换器	方法 2	386.0
汽动给水泵前置泵机械密封水	输出消耗	消耗	方法 5	0.4
闭式泵轴封水	输出消耗	消耗	方法 5	0.2
真空泵补水	输出消耗	消耗	方法 5	0.1
暖通空调补水	输出消耗	消耗	方法 2	0.3

注　系统输入水量为 1.0m^3/h，其中，输入串用水量为 1.0m^3/h，循环水量为 386.0m^3/h；系统输出水量为 1.0m^3/h，其中，输出耗水量为 1.0m^3/h。输入、输出水量平衡。

（8）生活水及生活污水处理系统水量试验平衡表见表 10-9。

表 10-9　　生活水及生活污水处理系统水量试验平衡表　　m^3/h

测点名称	来水性质	去向	测试方法	流量
生活水泵出水	输入串用	生活水用户	方法 1	23.5
生活水至生活区用户	输出消耗	消耗	方法 2	12.1
厂区生活水用户	输出消耗	消耗	方法 2	11.4

注　系统输入总水量为 23.5m^3/h，其中，输入串用水量为 23.5m^3/h；系统输出总水量为 23.5m^3/h，其中，输出排水量为 0.0m^3/h，输出耗水量为 23.5m^3/h。输入、输出水量平衡。

（9）工业废水处理系统水量试验平衡表见表10-10。

表10-10　工业废水处理系统水量试验平衡表　m^3/h

测点名称	来水性质	去向	测试方法	流量
氨区喷淋废水来	输入串用	工业废水池	方法5	0.4
锅炉补给水处理废水来	输入串用	工业废水池	方法5	3.0
精处理再生废水来	输入串用	工业废水池	方法5	5.6
锅炉汽水在线取样排水	输入串用	工业废水池	方法6	0.3
其他排水来	输入串用	工业废水池	方法2	1.4
工业废水至脱硫工艺水箱补水	输出串用	脱硫工艺水箱	方法3	10.7

注　系统输入总水量为10.7m^3/h，其中，输入串用水量为10.7m^3/h；系统输出总水量为10.7m^3/h，其中，输出串用水量为10.7m^3/h。输入、输出水量平衡。

（10）消防水系统水量试验平衡表见表10-11。

表10-11　消防水系统水量试验平衡表　m^3/h

测点名称	来水性质	去向	测试方法	流量
消防水泵出口流量	输入串用	消防水管网	方法1	8.5
系统消耗	输出消耗	消耗	方法3	8.5

注　系统输入水量为8.5m^3/h，其中，输入串用水量为8.5m^3/h；系统输出水量为8.5m^3/h，其中，输出耗水量为8.5m^3/h。输入、输出水量平衡。

（11）1号机组发电机定冷水系统水量试验平衡表见表10-12。

表10-12　1号机组发电机定冷水系统水量试验平衡表　m^3/h

测点名称	来水性质	去向	测试方法	流量
凝结水系统来水	输入串用水	定冷水系统	方法2	0.3
冷却水箱出水	系统循环用水	定冷水系统	方法1	91.8
冷却水箱排水	输出消耗	消耗	方法3	0.3

注　系统输入水总量为0.3m^3/h，其中，输入串用水量为0.3m^3/h；系统输出总水量为0.3m^3/h，其中，输出串用水量为0.3m^3/h，系统循环水量为91.8m^3/h。输入、输出水量平衡。

（12）2号机组发电机定冷水系统水量试验平衡表见表10-13。

表 10-13　2 号机组发电机定冷水系统水量试验平衡表　m^3/h

测点名称	来水性质	去向	测试方法	流量
凝结水系统来水	输入串用水	定冷水系统	方法 2	0.2
冷却水箱出水	系统循环用水	定冷水系统	方法 1	91.3
冷却水箱排水	输出消耗	消耗	方法 3	0.2

注　系统输入水总量为 $0.2m^3/h$，其中，输入串用水量为 $0.2m^3/h$；系统输出总水量为 $0.2m^3/h$，其中，输出串用水量为 $0.2m^3/h$，系统水量为 $91.3m^3/h$。输入、输出水量平衡。

（13）脱硫系统水量试验平衡表见表 10-14。

表 10-14　脱硫系统水量试验平衡表　m^3/h

测点名称	来水性质	去向	测试方法	流量
燃料冲洗水至工艺水箱补水	输入串用	脱硫工艺水箱	方法 2	0.0
工业水至脱硫辅机冷却水	输入串用	脱硫系统	方法 2	0.0
辅机冷却水回水至工艺水箱	输入串用	脱硫工艺水箱	方法 2	98.3
工业废水至脱硫工艺水箱补水	输入串用	脱硫工艺水箱	方法 3	10.7
磨机轴瓦等冷却水排水	输入串用	地坑	方法 6	3.3
脱硫系统蒸发及石膏携带	输出消耗	消耗	方法 3	106.0
脱硫废水至除渣系统补水	输出串用	除渣系统	方法 5	6.3

注　系统输入总水量为 $112.3m^3/h$，其中，输入串用水量为 $112.3m^3/h$；系统输出总水量为 $112.3m^3/h$，其中，输出串用水量为 $6.3m^3/h$，输出排水量为 $0.0m^3/h$，输出耗水量为 $106.0m^3/h$。输入、输出水量平衡。

（14）输煤系统水量试验平衡表见表 10-15。

表 10-15　输煤系统水量试验平衡表　m^3/h

测点名称	来水性质	去向	测试方法	流量
工业水回收水池来水	输入串用	输煤系统	方法 2	28.1
脱硫废水来	输入串用	输煤系统	方法 5	0.0
复用水池来水	输入串用	输煤系统	方法 5	0.0
煤水沉淀池出水	系统用水	输煤系统	方法 2	40.0
输煤系统耗水量	输出消耗	消耗	方法 3	28.1

注　系统输入总水量为 $28.1m^3/h$，其中，输入串用水量为 $28.1m^3/h$；系统输出总水量为 $28.1m^3/h$，其中，输出耗水量为 $28.1m^3/h$。输入、输出水量平衡。

（15）除渣系统水量试验平衡表见表 10-16。

表 10-16　　除渣系统水量试验平衡表　　m^3/h

测点名称	来水性质	去向	测试方法	流量
开式水来水	输入串用	捞渣机	方法 2	1.2
脱硫废水来	输入串用	除渣系统	方法 5	6.3
渣携带	输出消耗	固废带走	理论计算	3.3
蒸发消耗	输出消耗	消耗	理论计算	4.2
溢流水坑至捞渣机	系统用水	除渣系统	方法 5	157.3

注　系统输入总水量为 $7.5m^3/h$，其中，输入串用水量为 $7.5m^3/h$；系统输出总水量为 $7.5m^3/h$，其中，输出耗水量为 $7.5m^3/h$，循环水量为 $157.3m^3/h$。输入、输出水量平衡。

（16）热力循环系统水量试验平衡表见表 10-17。

表 10-17　　热力循环系统水量试验平衡表　　m^3/h

测点名称	来水性质	去向	测试方法	流量
化学除盐水机组补水	输入串用	机组补水	方法 1	66.3
化学除盐水精处理用水	输出串用水	机组排水槽	方法 1	5.6
汽水在线取样用水	输出串用	机组排水槽	方法 6	0.3
1、2 号机组定冷水补水	输出串用	定冷水系统	方法 5	0.5
1、2 号机组闭式水补水	输出串用	闭式水系统	方法 5	2.7
锅炉汽水损失消耗	输出消耗	消耗	方法 3	22.0
供厂用气	厂外供气	消耗	DCS 统计查询	44.3
热力系统循环水量	系统循环	系统循环	DCS 统计查询	2551.0

注　系统输入水量为 $71.9m^3/h$，其中，输入串用水量为 $71.9m^3/h$；系统输出水量为 $71.9m^3/h$，其中，输出串用水量为 $9.1m^3/h$，输出耗水量为 $62.8m^3/h$；系统内部循环水量为 $2551.0m^3/h$。输入、输出水量平衡。

（17）各用水系统年均水量统计表见表 10-18。

表 10-18　　各用水系统年均水量统计表　　m^3/h

系统名称	系统输入水量			循环水量			系统输出水量							
	取水	串用、回用水量					串用水量		系统耗水量			排水量		
	江水	串用水量	废水回用量	循环水量	工质循环量	冷凝蒸汽循环量	串用水量	去工业废水	蒸发风吹损失	固废带走消耗	损耗漏失	废水排放	温排水量	对外供热/水
取水及净水站供水系统（不含直流冷却）	242.0	0.0	0.0	0.0	0.0	0.0	240.9	1.1	0.0	0.0	0.0	0.0	0.0	0.0
锅炉补给水处理系统	0.0	75.2	0.0	0.0	0.0	0.0	71.9	3.0	0.0	0.0	0.3	0.0	0.0	0.0
1 号机组循环水及开式水系统	0.0	0.1	0.0	0.0	0.0	0.0	0.0	0.1	0.0	0.0	0.0	0.0	0.0	0.0
2 号机组循环水及开式水系统	0.0	1.4	0.0	0.0	0.0	0.0	1.2	0.2	0.0	0.0	0.0	0.0	0.0	0.0
工业水系统	0.0	132.2	0.0	449.0	0.0	0.0	129.7	0.4	0.0	2.0	0.1	0.0	0.0	0.0
消防水系统	0.0	8.5	0.0	0.0	0.0	0.0	0.0	0.0	0.0	0.0	8.5	0.0	0.0	0.0
生活水及废水系统	0.0	23.5	0.0	0.0	0.0	0.0	0.0	0.0	0.0	0.0	23.5	0.0	0.0	0.0
1 号机组闭式水系统	0.0	1.7	0.0	237.0	0.0	0.0	0.0	0.0	0.0	0.0	1.7	0.0	0.0	0.0
2 号机组闭式水系统	0.0	1.0	0.0	386.0	0.0	0.0	0.0	0.0	0.0	0.0	1.0	0.0	0.0	0.0

续表

系统名称	系统输入水量			循环水量			系统输出水量							
	取水	串用、回用水量					串用水量		系统耗水量			排水量		
	江水	串用水量	废水回用量	循环水量	工质循环量	冷凝蒸汽循环量	串用水量	去工业废水	蒸发风吹损失	固废带走消耗	损耗漏失	废水排放	温排水量	对外供热/水
脱硫系统	0.0	101.6	10.7	0.0	0.0	0.0	6.3	0.0	104.6	1.4	0.0	0.0	0.0	0.0
1 号机组定冷水系统	0.0	0.3	0.0	91.8	0.0	0.0	0.0	0.0	0.0	0.0	0.3	0.0	0.0	0.0
2 号机定冷水系统	0.0	0.2	0.0	91.3	0.0	0.0	0.0	0.0	0.0	0.0	0.2	0.0	0.0	0.0
输煤系统	0.0	28.1	0.0	40.0	0.0	0.0	0.0	0.0	0.0	0.0	28.1	0.0	0.0	0.0
除渣系统	0.0	7.5	0.0	157.3	0.0	0.0	0.0	0.0	0.0	4.2	3.3	0.0	0.0	0.0
工业废水处理系统	0.0	10.7	0.0	0.0	0.0	0.0	10.7	0.0	0.0	0.0	0.0	0.0	0.0	0.0
热力循环系统	0.0	71.9	0.0	0.0	0.0	2551.0	3.2	5.9	0.0	0.0	18.5	0.0	0.0	44.3
合计	242.0	463.9	10.7	1452.4	0.0	2551.0	463.9	10.7	104.6	7.6	85.5	0.0	0.0	44.3
对应符号	V_f	V_s		V_{cy}			V'_s		V_{co}			V_d		
	V_t						V'_t							

注 全厂取水量 V_f=242.0m^3/h；全厂串、回用水量 V_s=474.6m^3/h；全厂循环水量 V_{cy}=4003.4m^3/h；全厂耗水量 V_{co}=197.7m^3/h；全厂排水量 V_d=0.0m^3/h；全厂对外供水水量 44.3m^3/h；全厂总用水量 $V_t=V_f+V_s+V_{cy}$=4720m^3/h；试验期间扣除工业供气后平均单位发电量取水量为 0.23m^3/MWh。

五、分系统水平衡框图

（1）取水及净水站供水系统水平衡框图见图 10-15。

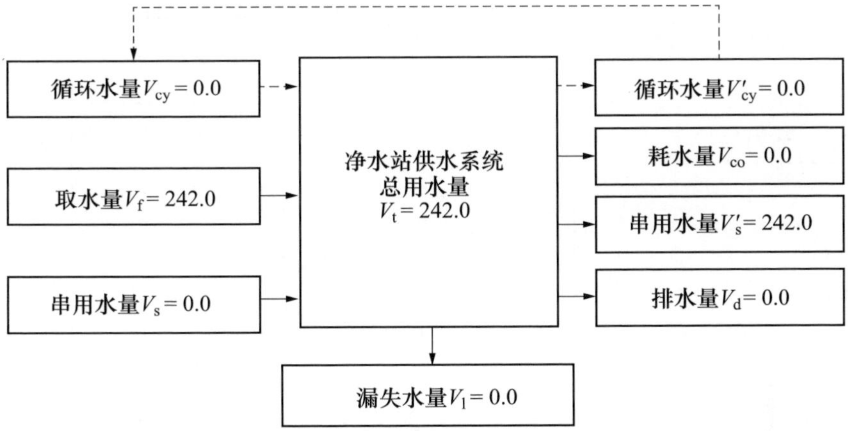

图 10-15　取水及净水站供水系统水平衡框图（单位：m^3/h）

（2）1 号机组循环水与开式水系统水平衡框图见图 10-16。

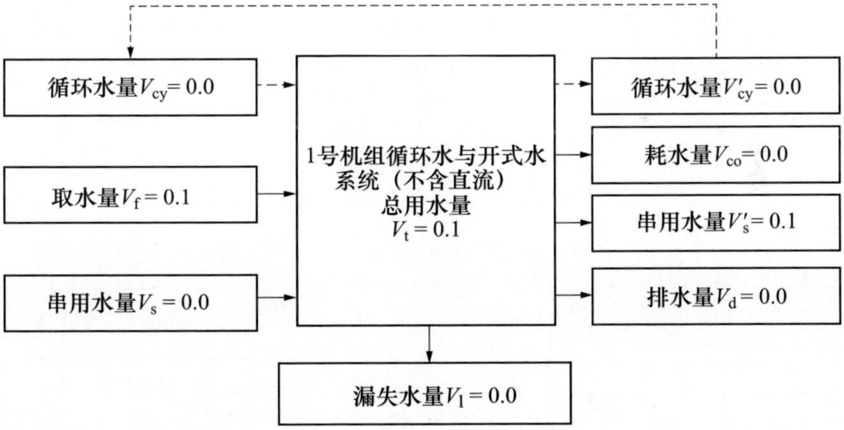

图 10-16　1 号机组循环水与开式水系统水平衡框图（单位：m^3/h）

（3）2 号机组循环水与开式水系统水平衡框图见图 10-17。

（4）锅炉补给水处理系统水平衡框图见图 10-18。

（5）工业水系统水平衡框图见图 10-19。

（6）1 号机组闭式水系统水平衡框图见图 10-20。

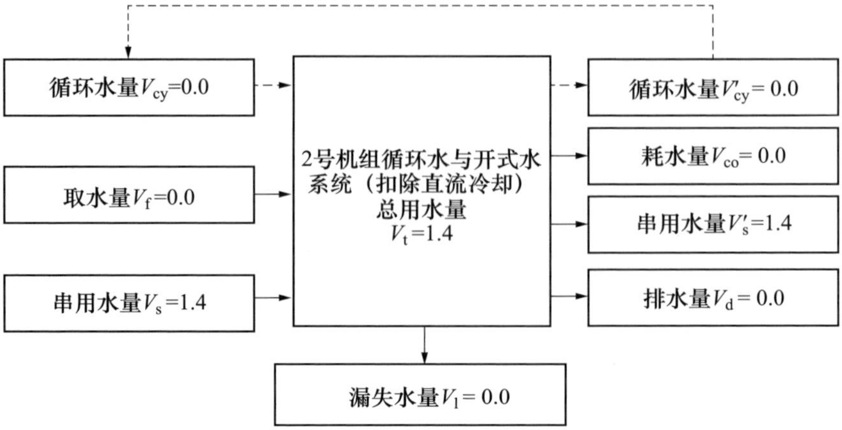

图 10-17　2 号机组循环水与开式水系统水平衡框图（单位：m^3/h）

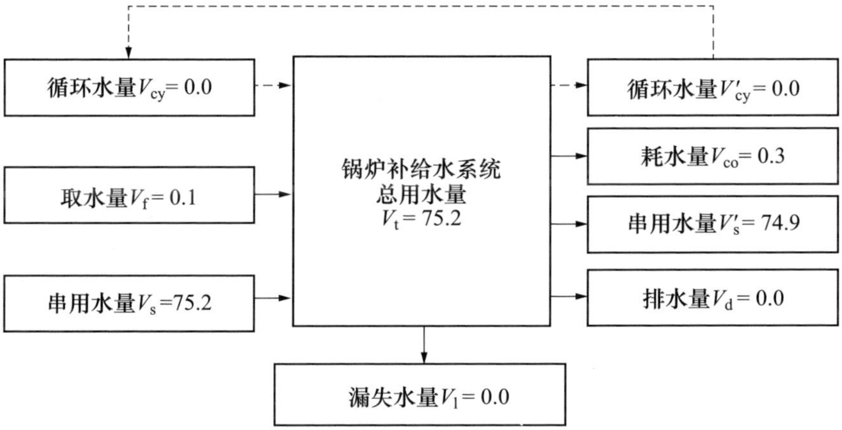

图 10-18　锅炉补给水处理系统水平衡框图（单位：m^3/h）

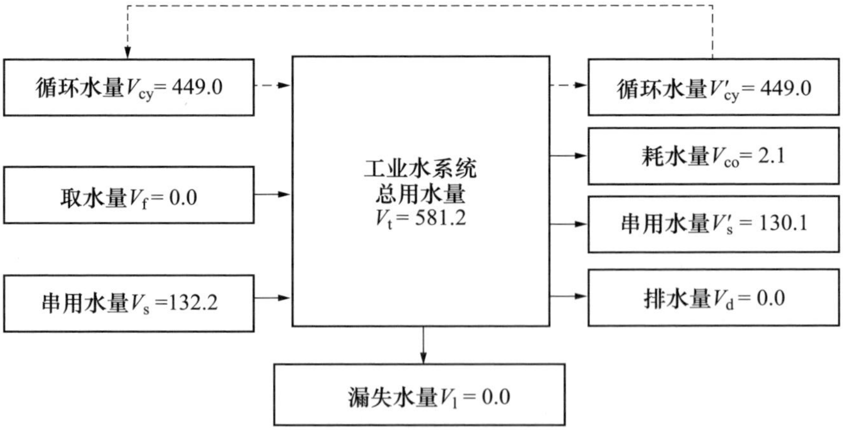

图 10-19　工业水系统水平衡框图（单位：m^3/h）

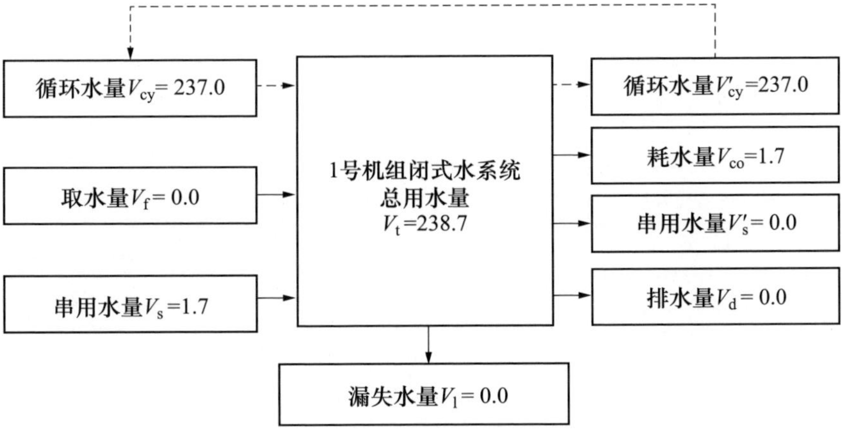

图 10-20　1 号机组闭式水系统水平衡框图（单位：m^3/h）

（7）2 号机组闭式水系统水平衡框图见图 10-21。

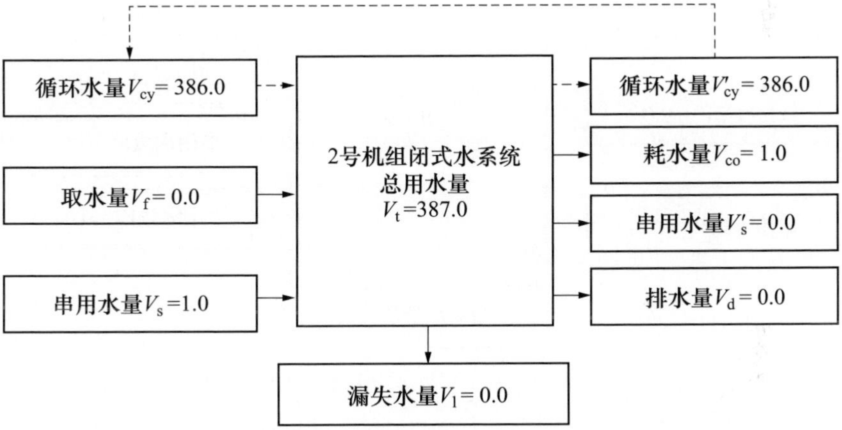

图 10-21　2 号机组闭式水系统水平衡框图（单位：m^3/h）

（8）生活水及废水系统水平衡框图见图 10-22。

（9）工业废水处理系统水平衡框图见图 10-23。

（10）消防水系统水平衡框图见图 10-24。

（11）1 号机组定冷水系统水平衡框图见图 10-25。

（12）2 号机组定冷水系统水平衡框图见图 10-26。

（13）脱硫系统水平衡框图见图 10-27。

（14）输煤系统水平衡框图见图 10-28。

（15）除渣系统水平衡框图见图 10-29。

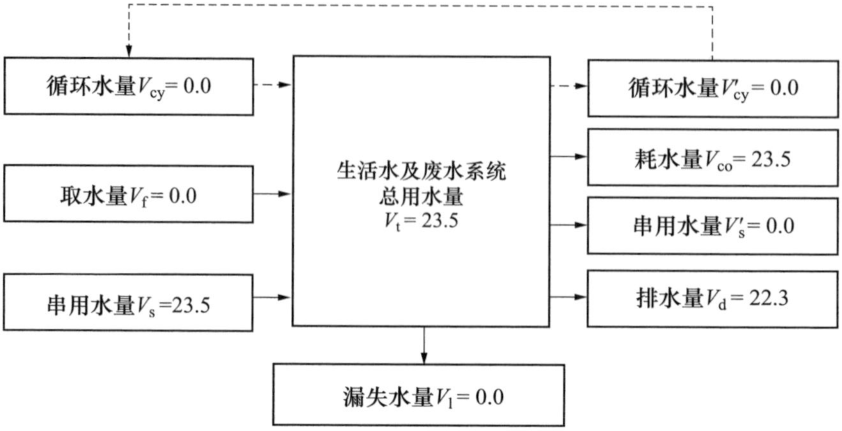

图 10-22　生活水及废水系统水平衡框图（单位：m^3/h）

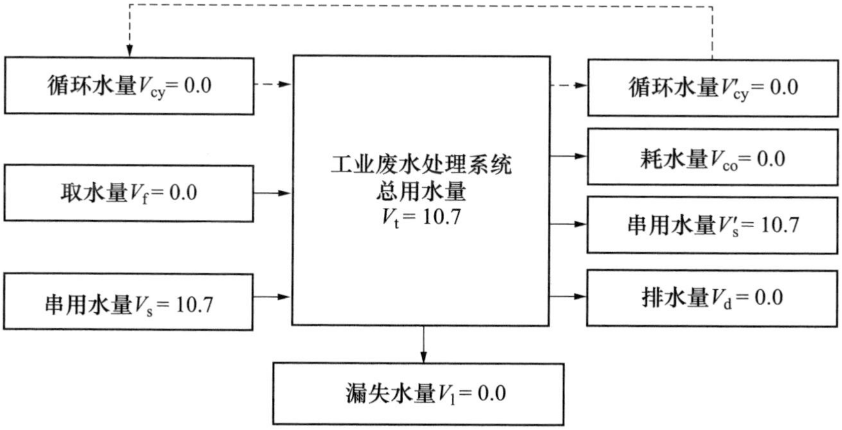

图 10-23　工业废水处理系统水平衡框图（单位：m^3/h）

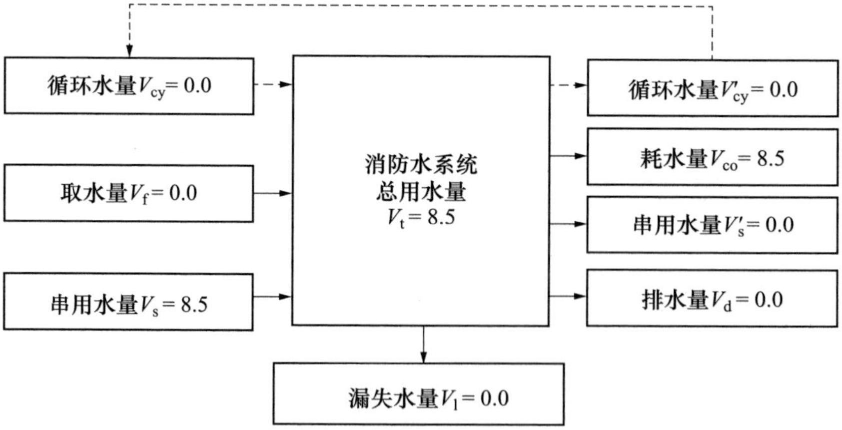

图 10-24　消防水系统水平衡框图（单位：m^3/h）

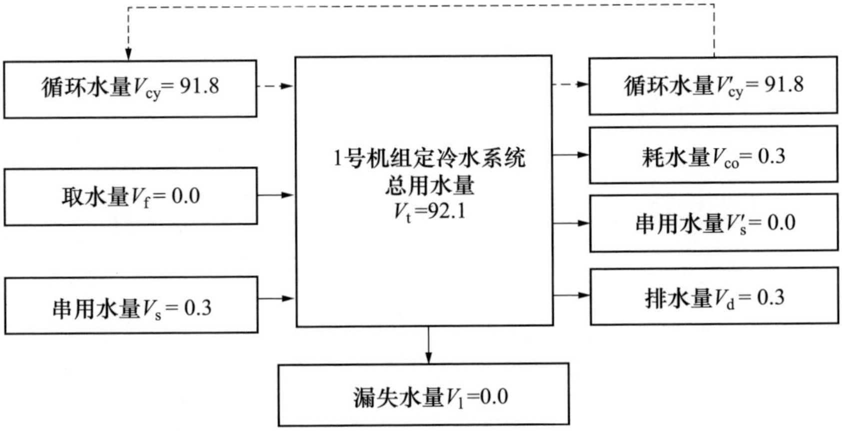

图 10-25　1 号机组定冷水系统水平衡框图（单位：m^3/h）

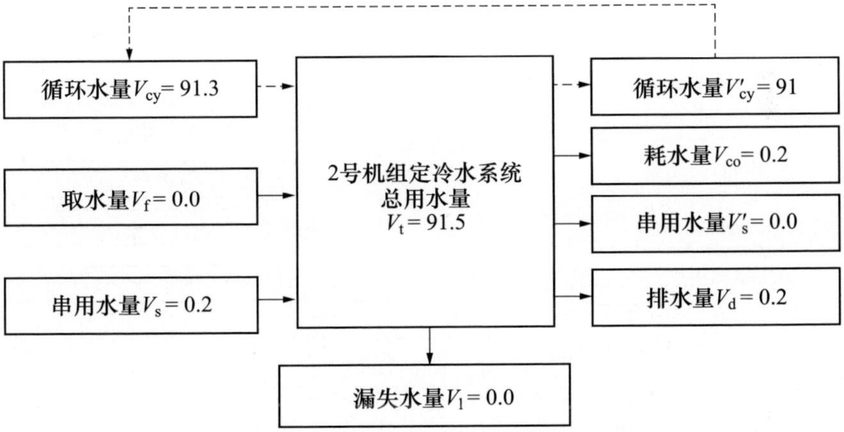

图 10-26　2 号机组定冷水系统水平衡框图（单位：m^3/h）

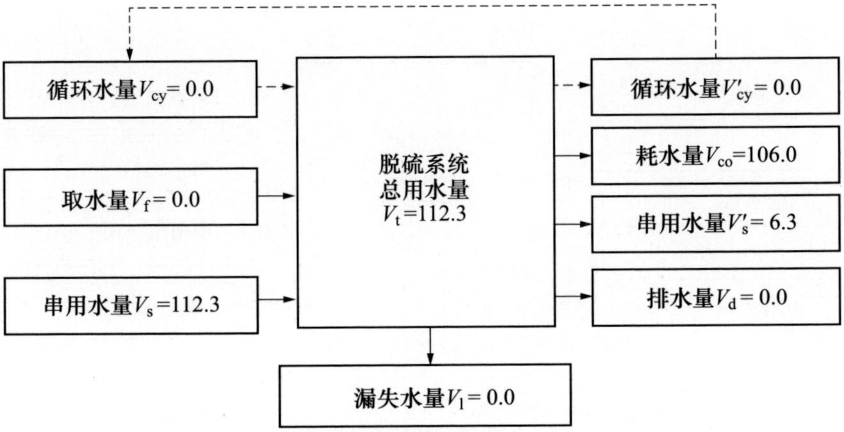

图 10-27　脱硫系统水平衡框图（单位：m^3/h）

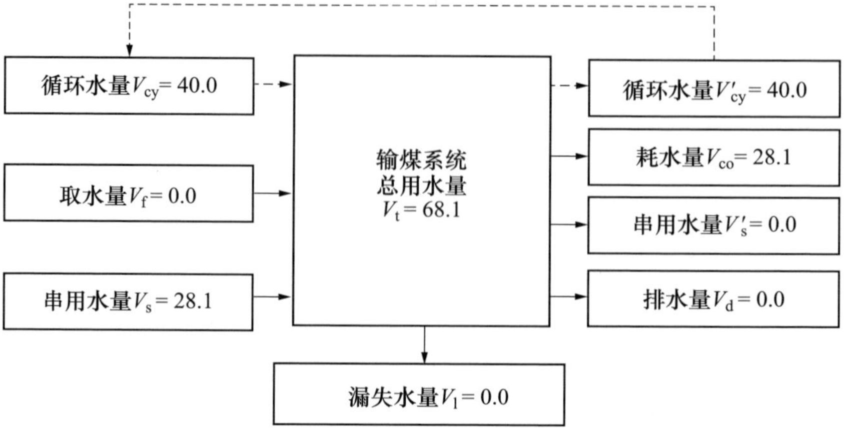

图 10-28　输煤系统水平衡框图（单位：m^3/h）

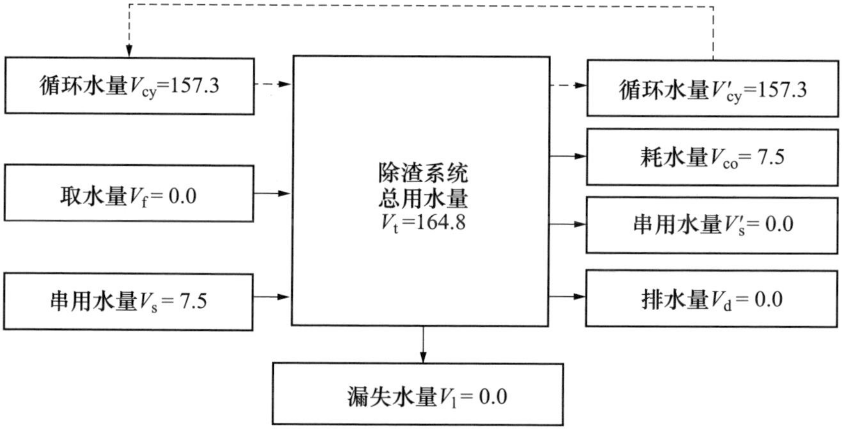

图 10-29　除渣系统水平衡框图（单位：m^3/h）

（16）热力循环系统水平衡框图见图 10-30。

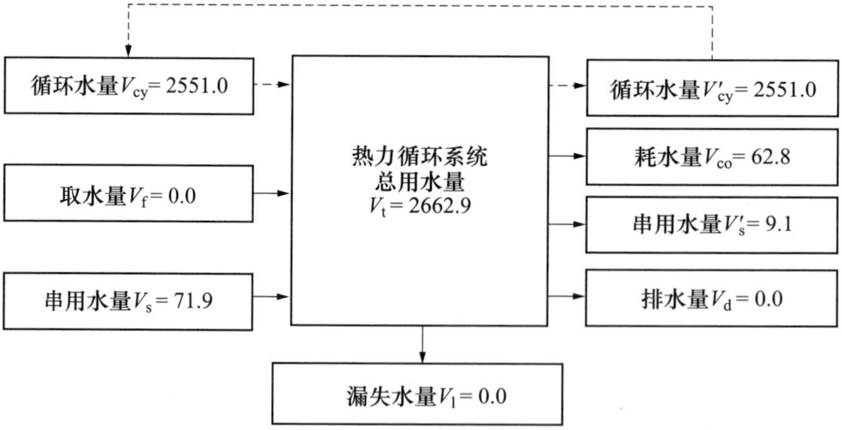

图 10-30　热力循环系统水平衡框图（单位：m^3/h）

（17）全厂水平衡框图见图 10-31。

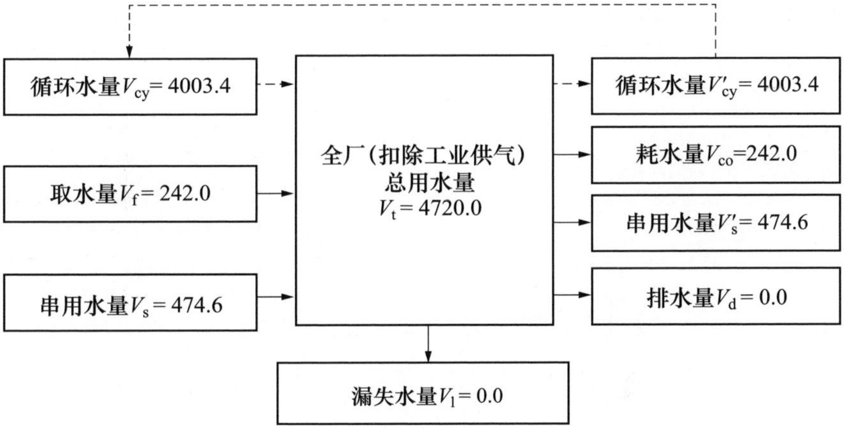

图 10-31　全厂水平衡框图（单位：m^3/h）

六、试验结果评价

水平衡试验期间，全厂平均单位发电量取水量的评价见表 10-19。

表 10-19　　全厂平均单位发电量取水量评价汇总表　　m^3/MWh

序号	标准要求	单位发电量取水量	水平衡测试结果单位发电量取水量	满足/不满足
1	GB/T 18916.1—2021	0.42	0.26	满足
2	GB/T 26925—2011	0.33		满足
3	设计要求	—		—

注　全厂平均单位发电量取水量=发电取水量（扣除工业供气）/电厂平均发电量，中水按 1.2 系数折算。

七、节水建议

（1）闭式水系统损失量较大，可能存在漏失或长流水现象，应及时排查整治。

（2）生活用水量较大，平均 $23.5m^3/h$，根据用水定额规定按电厂最大班人数 980 人核算，最高日用水量应为 $168.6m^3/d$，故应采用节水生活设施，加强生活用水管理制度，减少生活水用量。

（3）输煤系统冲洗采用工业水，造成水高质低用，应采用处理合格后的工业废水作为补水水源，实现梯级利用。

（4）消防水系统存在不明用户小时流量 8.5m^3，可能存在管网泄漏，应及时排查，消除隐患。

八、附图

试验工况下全厂水平衡图见图 10-32。

分析点评

直流冷却发电机组主要分布在江苏、广东、上海、浙江、湖南、湖北等地，此类机组相比循环冷却机组耗水量大幅度下降，但受地理条件限制只有靠近江、河水资源丰富的地区才能建设。

直流开式冷却系统用水量特别大，水平衡试验将直流开式冷却系统用水作为一个单独用水体系，只进行取、排水量的试验和计算。此类机组测试时，脱硫系统为全厂最大耗水用户，应重点测试，测试方法主要用超声波流量计法及在线表计法。

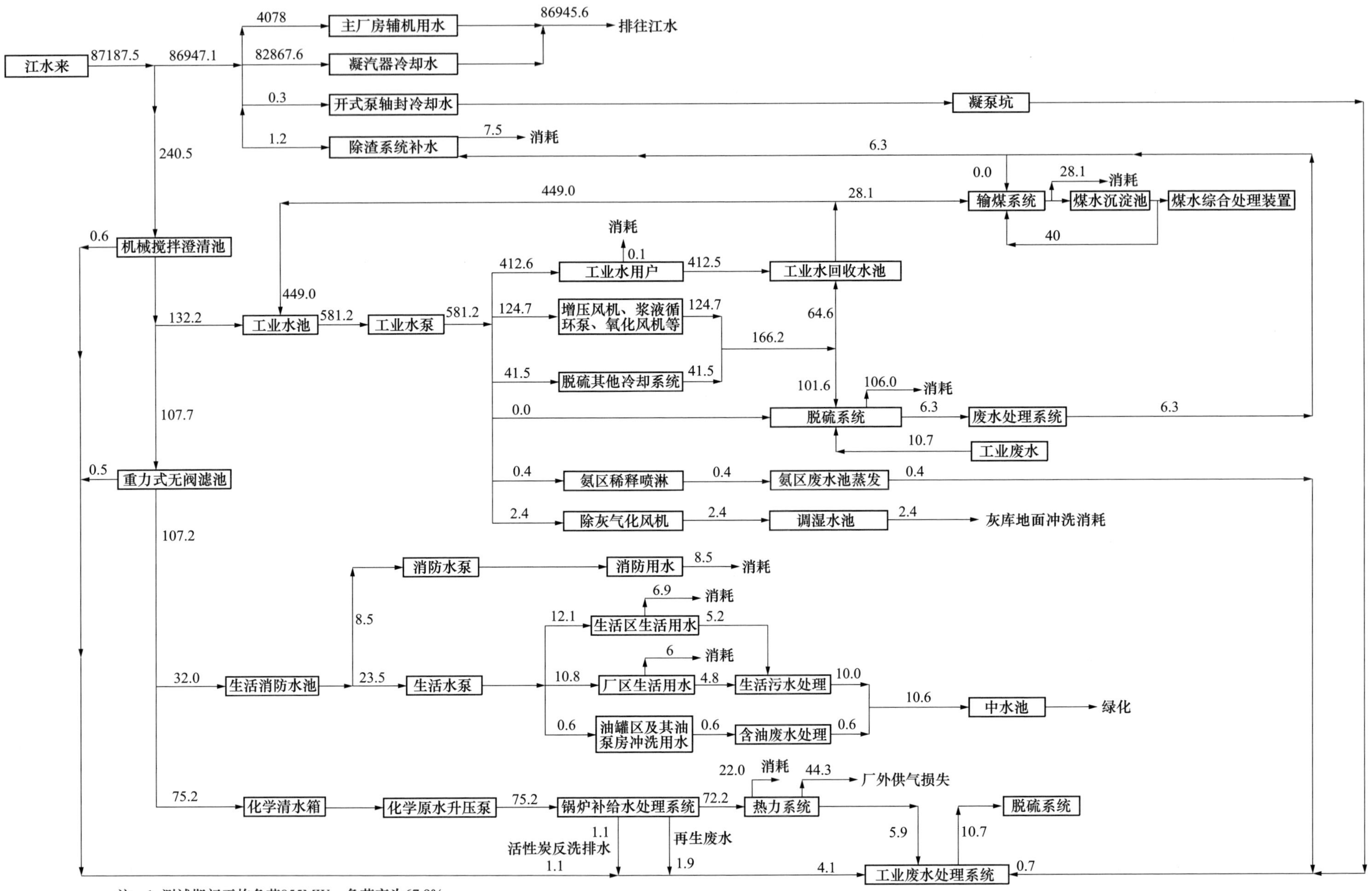

注：1. 测试期间平均负荷855MW，负荷率为67.9%。

2. 测试期间平均总耗水量为240.5m³/h(其中工业供气量为44.3t/h)；扣除工业供气后平均发电取水量为0.23m³/(MW·h)。

图 10-32 试验工况下全厂水平衡图（单位：m^3/h）

第十一章

案例分析——循环冷却机组

导读

火电厂循环水系统在电厂耗水总量中占了很大比例。循环水量占总用水量的 50%～80%，与此相比，灰渣用水系统用水量占 20%～40%，锅炉补给水只占 2%～8%，生活用水只占 0.5%～4%。

循环冷却机组的冷却塔传热主要是对流传热和蒸发传热两种，随着季节变化，冷却塔传热过程中，对流传热和蒸发传热的比例也发生变化。春、夏、秋三季空气温度较高，因此以蒸发传热为主，在最炎热的夏季，可占总传热量的 90%以上。冬季空气温度较低，对流传热可增加到 50%以上，严寒时甚至可达 70%。

可见，夏季和冬季冷却塔水量损失有很大差别，因此循环冷却机组的水平衡试验一般要做夏、冬两季。

一、概述

随着国家新《环境保护法》《水十条》等各项环保政策的不断出台，环保监管日趋严格，对水资源利用及水污染防治提出更高要求。新建电厂的“环评批复”已普遍要求实施废水零排放，已建电厂的污染物排放指标也不断严格。

针对水资源的日益匮乏和国家环境保护要求的提高，水的成本在电厂运行成本中所占比例越来越大。水平衡试验是做好电厂节水工作，实现科学、合理用水管理的基础。通过试验，可以掌握电厂用水现状和各水系统用水量之间的定量关系，把握节水工作的重点，寻找节水的潜力，制定切实可行的用水、节水规划方案。

1. 任务来源

为了贯彻落实国家相关政策法规，合理地利用水资源，增效节能、节水并减少工业废水的排放，满足环评批复及排污许可要求，××电厂按照上级主管部门的要求委托××研究院进行深度优化用水改造后的水平衡试验，为下一步继续优化用水和取水许可申报提供基础数据。

根据现场运行情况和工作安排，××年××月××日，××研究院安排水平衡试验小组到达××电厂，开展夏季水平衡试验。在××电厂相关专业技术人员的协助下，××年××月××日至××年××月××日进行了全厂水平衡试验现场试验工作。

2. 试验目的

通过对××电厂各种取水、用水、耗水的试验，查清电厂用水状况，挖掘节水潜力，验证优化用水实施的效果，为下一步优化节约用水工作确定方向，为制定切实可行的节水技术措施和规划提供依据，为取水许可证提供水量平衡现状基础数据。

3. 基本情况

××电厂机组容量为 2×330MW，位于××省××市，是××市的城市热电联产项目，配套建设城市热网采暖 1100 万 m^2，工业供汽 $200m^3/h$。

××电厂设计以××市第一污水处理厂处理后的中水作为循环水系统主要补给水源，水库地表水作为备用水源。第一污水处理厂距××电厂约 14km，根据城市总体规划，政府要求××电厂水源从第一污水处理厂中水变更为第二污水处理厂中水。消防水、生活用水取至水库地表水。全厂水系统有厂区水源取水系统、循环水（含开式水）系统、生活水及生活污水处理系统、闭式水系统、消防水系统、锅炉补给水处理系统、工业废水处理系统、含煤废水处理系统、含油废水系统、脱硫工艺水及脱硫废水处理系统、热力循环系统、发电机定冷水系统。

（1）机组主要技术规范。

1）锅炉技术规范见表 11-1。

表 11-1　　锅 炉 技 术 规 范 表

序号	名称	单位	BMCR	BECR
1	过热蒸汽流量	t/h	1113.0	988.7
2	过热器出口蒸汽温度	℃	540	540
3	再热蒸汽流量	t/h	960	858.4
4	再热器出口蒸汽温度	℃	540	540
5	给水温度	℃	276	270
6	锅炉排烟温度（修正后）	℃	131	128

2）汽轮机技术规范见表 11-2。

表 11-2　　汽轮机技术规范表

<table>
<tr><th>序号</th><th colspan="2">名　　称</th><th>单位</th><th>参数</th></tr>
<tr><td>1</td><td colspan="2">型号</td><td></td><td>CC330/264-16.7/1.0/0.4/537/537</td></tr>
<tr><td>2</td><td colspan="2">型式</td><td></td><td>亚临界、一次中间再热、双抽可调整抽汽凝汽式汽轮机</td></tr>
<tr><td>3</td><td colspan="2">额定（铭牌）功率</td><td>MW</td><td>330</td></tr>
<tr><td>4</td><td colspan="2">额定工况蒸汽流量</td><td>t/h</td><td>988.71</td></tr>
<tr><td rowspan="2">5</td><td rowspan="2">凝汽器循环水进水温度</td><td>设计</td><td>℃</td><td>20</td></tr>
<tr><td>最高</td><td>℃</td><td>36</td></tr>
<tr><td>6</td><td colspan="2">额定工业抽汽量</td><td>t/h</td><td>160</td></tr>
<tr><td>7</td><td colspan="2">再热蒸汽额定温度</td><td>℃</td><td>537</td></tr>
<tr><td>8</td><td colspan="2">额定给水温度</td><td>℃</td><td>270.0（THA 工况）</td></tr>
</table>

（2）供水系统。××电厂 2 台 330MW 机组全年平均设计耗水量为 941m^3/h，供水水源为第二污水处理厂出水、水库来水。循环

水系统补水水源设计用污水处理厂出水、水库来水。锅炉补给水、消防水、生活用水水源为水库来水。

（3）排水系统。××电厂的生产性废水主要有：含泥废水、锅炉补给水产生废水、锅炉排污水、生活污水、脱硫废水、含煤废水，循环水排污水等。

中水处理系统澄清池排泥水节水改造后新增浓缩系统清水回收至中水回收水池回用，试验期间浓缩系统调试中，澄清池排泥全部排入脱硫系统；变孔隙滤池排水排入回收水池后进入澄清池回用。

生活污水经节水改造后，处理合格的生活污水进入中水处理系统澄清池回用，试验期间直接排入总排口。

含煤废水经节水改造后实现循环利用不外排，试验期间含煤废水处理系统调试中未实现循环利用，含煤废水经煤水调节池溢流排至总排口。

锅炉补给水车间双介质过滤器及超滤排水排至中水系统回用，反渗透浓水及再生废水除一部分作为输煤系统补水外，其余部分补入冷却塔。

锅炉排污水及汽水取样排水回收至冷却塔，精处理取样排水外排至雨水系统。

脱硫废水系统经节水改造后系统设备正常投运处理合格后作为输煤冲洗水系统补水或煤场喷洒，试验期间脱硫废水排入煤水调节池。

循环水排污经节水改造后，按达标排放要求，通过排污泵外排至总排口。

（4）已有节水措施。

1）已建立有完善用水制度及用水台账。

2）除灰渣系统采用干式除灰、干湿除渣，大大节约除灰、渣系统用水量。

3）生活污水系统处理合格后回收至中水处理系统处理后回用。

4）含煤废水处理合格后可实现循环利用。

5）锅炉补给水车间产生废水已全部回用。

6）脱硫系统工艺水采用循环水排污水，减少循环水外排水量。

二、试验工况

1. 试验原则和技术依据

水平衡试验原则和技术依据参考附录一。

2. 试验项目、方法、仪器

（1）试验项目及内容。依据××电厂有关设计资料、系统图、规程等，电厂水系统主要分为以下几个部分：水源及预处理系统、锅炉补给水处理系统、循环水及开式水系统、闭式水系统、消防水系统、生活水及生活污水处理系统、输煤冲洗及含煤废水处理系统、脱硫工艺水及废水处理系统、工业废水处理系统、除灰及渣水系统、除盐水及热力循环系统、发电机定冷水系统等分系统进行试验。根据试验大纲的要求，水平衡试验的试验内容如下：

1）水源及预处理系统各部分水量的测定、计算。

2）锅炉补给水处理系统水量的测定、计算。

3）循环水及开式水系统水量的测定、计算。

4）工业废水处理系统水量的测定、计算。

5）生活水及生活污水处理系统水量的测定、计算。

6）输煤冲洗及含煤废水处理系统水量的测定、计算。

7）脱硫及脱硫废水处理系统水量的测定、计算。

8）除灰渣系统水量的测定、计算。

9）除盐水及热力循环系统水量的测定、计算。

10）闭式水系统水量的测定、计算。

11）定冷水系统水量的测定、计算。

12）全厂总取水量、总用水量、复用水量、循环水量、耗水量的测定与计算。

13）全厂废水及污水处理系统水量、全厂总排水量、回用水量的测定和计算。

14）全厂复用水率、循环水率、损失水率和循环水浓缩倍数的计算。

15）全厂发电取水量、单位发电量取水量的计算。

16）绘制全厂水平衡图。

（2）试验方法的选择。水平衡试验方法参考第四章“二、流量测量方法”。

（3）试验仪器。试验仪器见表11-3，其中试验仪器的检定/校验日期应在有效期内。

表11-3　　试　验　仪　器

序号	工器具名称	型号规格	数量	备注
1	便携式超声波流量计	PT900	3套	在检定有效期
2	测厚仪	PT9-TG测厚探头	3个	
3	电子秒表	PC2009	1个	
4	各型探头	510、591、592等	6对	
5	数据传输线		6条	
6	量筒	500mL	2个	

3. 试验期间机组运行状况

××年××月××日至××年××月，在××电厂相关技术部门的积极配合下，完成了全厂的水平衡试验工作。在水平衡试验期间，××电厂1号机组发电平均负荷为262.0MW/h，试验负荷为设计负荷的79.4%，2号机组发电平均负荷为253.5MW/h，试验负荷为设计负荷的76.8%。

三、试验结果汇总

1. 试验结果

（1）试验结果分析。

1）取水情况。试验期间，电厂自水源地来水平均流量为1612.2m^3/h

（其中工业供气取水 40.8m^3/h）。其中用于脱硫及脱硫废水处理系统补水 123.1m^3/h，生活水补水 17.0m^3/h，消防水补水 7.9m^3/h，冷却塔补水合计 1384.0m^3/h（1 号冷却塔 600.7m^3/h+2 号冷却塔 783.3m^3/h），除盐水及热力系统补水 71.2m^3/h，其他系统 9.0m^3/h。

2）耗水情况。电厂耗水主要包括：水源及预处理系统（消防水）损失 7.9m^3/h、除盐水及热力循环系统损失 70.3m^3/h、脱硫及脱硫废水系统损失 123.1m^3/h、生活水及生活污水处理系统损失 2.8m^3/h、除灰渣水系统损失 1.3m^3/h、输煤用水系统损失 2.0m^3/h、循环水系统水蒸发 959.5m^3/h、风吹损失 75.6m^3/h、其他系统消耗 1.1m^3/h，以上合计约为 1243.6m^3/h。

3）排水情况。全厂排水主要包括：循环水排污水 350.5m^3/h、生活污水排水 10.9m^3/h、含煤废水处理排水 6.3m^3/h，除盐水及热力系统排水 0.9m^3/h，以上合计约为 368.6m^3/h。

（2）全厂用水情况分析。电厂各机组水系统由生产和生活两部分组成。生产和生活用水按用途和流程主要由 11 个分系统组成，分别是：

1）水源及预处理系统。

2）锅炉补给水处理系统。

3）循环水及开式水系统。

4）工业废水处理系统。

5）生活水及生活污水处理系统。

6）输煤及含煤废水处理系统。

7）脱硫及脱硫废水处理系统。

8）除灰、渣水系统。

9）除盐水及热力循环系统。

10）闭式水系统。

11）发电机定冷水系统。

全厂各主要用水系统用水情况分析见表 11-4，全厂水平衡图见图 11-12。

表 11-4　　全厂各主要用水系统用水情况分析

系统名称	净补水量（m^3/h）	净补率（%）	取水量（m^3/h）	串、回用水量（进，m^3/h）	循环水量（m^3/h）	串、回用水量（出，m^3/h）	消耗量（m^3/h）	排放量（m^3/h）	复用率（%）	排放率（%）
水源及预处理系统	7.9	0.5	1612.2	32.4	9.2	1636.7	7.9	0.0	—	—
锅炉补给水处理系统	0.1	0.0	0.0	169.2	0.0	169.1	0.1	0.0	—	—
循环水及开式水系统	1385.6	85.9	0.0	1442.1	72856.2	56.5	1035.1	350.5	—	—
工业废水处理系统	0.0	0.0	0.0	56.7	0.0	56.7	0.0	0.0	—	—
生活水及生活污水处理系统	13.7	0.9	0.0	17.0	0.0	3.3	2.8	10.9	—	—
输煤及含煤废水处理系统	8.3	0.6	0.0	8.3	0.0	0.0	2.0	6.3	—	—
脱硫及脱硫废水处理系统	123.1	7.6	0.0	126.6	17.8	3.5	123.1	0.0	—	—
除灰渣系统	1.3	0.1	0.0	1.3	0.0	0.0	1.3	0.0	—	—
除盐水及热力系统	71.2	4.4	0.0	96.4	1414.6	25.2	70.3	0.9	—	—
闭式水系统	0.7	0.0	0.0	0.7	556.6	0.0	0.7	0.0	—	—
发电机定冷水系统	0.3	0.0	0.0	0.3	174.8	0.0	0.3	0.0	—	—
合计	1612.2	100	1612.2	1951.0	75029.2	1951.0	1243.6	368.6	97.9	22.9

注　1. 取水量是指直接用于系统的新鲜水。
2. 净补水量是指最终用于系统的水量。计算公式为净补水量=取水量+其他系统回用至本系统（回用量进）–本系统回用至其他系统（回用量出）。
3. 循环水量是指循环使用的水，其水质经过处理后，仍用于原工艺流程。
4. 串用水量是指在水质水温满足要求的条件下，前一系统的排水被直接作为另外系统补充水的水量。
5. 回用水量是指在生产过程中已经使用的水，其水质、水温经过适当处理后回收利用于其他系统的水量。
6. 消耗量是指水在使用过程中因蒸发、渗漏、风吹、污泥携带、灰渣携带以及绿化等形式消耗掉的水量。
7. 排放量是指企业实际排放的水量，包括工业排水量和厂区生活排水量。

根据表 11-4 中所列数据可以得出：

1）循环水及开式水系统：净补水量占全厂总取水量的 85.9%。

2）脱硫系统：净补水量占全厂总取水量的 7.6%。

3）除盐水及热力循环系统：净补水量占全厂总取水量的 4.4%。

4）其他系统：净补水量占全厂总取水量的 2.1%。

2. 各用水系统概况及水量分配图

（1）水源及预处理系统。再生水深度处理系统设有三台机械搅拌澄清池及配套的过滤杀菌系统，原设计 2、3 号澄清池用于处理第二污水处理厂中水（或备用水源水），处理后作为循环水的补水，处理量为 1600m^3/h；循环水排水再送入 1 号澄清池处理后作为锅炉补给水处理系统的水源，处理量为 1000m^3/h。后期由于第二污水处理厂来水水质较差，水质波动较大，2 号澄清池主要处理第二污水处理厂的中水，处理后作为循环水的补水；1、3 号澄清池主要处理地表水，处理后作为锅炉补给水处理系统原水和全厂生产、生活用水。1、2、3 号澄清池产生的排泥水进入污泥池经过新增浓缩池浓缩后，清水进入回水池回用，排泥作为脱硫剂补入脱硫吸收塔；变孔隙滤池反洗水进入回收水池，回收至澄清池入口。其中 2 号澄清池排泥一天共排 9 次，每次排 5～6min，流量为 212m^3/h；1、3 号澄清池一天排 2 次，每次排 5～6min，流量为 168m^3/h；变空隙滤池每天反洗 2 个，每个反洗水量 110.3m^3。水源及预处理系统水量分配图如图 11-1 所示，流量测定值汇总表见表 11-5。

（2）锅炉补给水处理系统。锅炉补给水处理系统工艺流程：来水水源→再生水深度处理→生水箱→双介质过滤器→超滤装置→反渗透装置→一级除盐→混床→除盐水箱→机组热力系统。

锅炉补给水处理系统内产生的主要废水：多介质过滤器反洗废水、超滤排水及反洗废水统一收集回用至再生水深度处理系统回收水池；反渗透浓水及冲洗废水、一级除盐系统冲洗再生废水、混床除盐系统冲洗再生废水统一收集于工业废水池，经处理合格后作为输煤冲洗水系统及循环水系统补水。双介质过滤器每运行 90h 反洗一次，反洗一次水量为 112.6m³；一级除盐累计流量 22000m³ 同时再生一次，一次耗水量 250.1m³；混床每半年再生一次，每次耗水量 171m³（共 4 次）；超滤每 30min 反洗一次水量 12m³，反渗透回收率约为 69.7%，锅炉补给水处理系统水量分配图如图 11-2 所示，流量测定值汇总表见表 11-6。

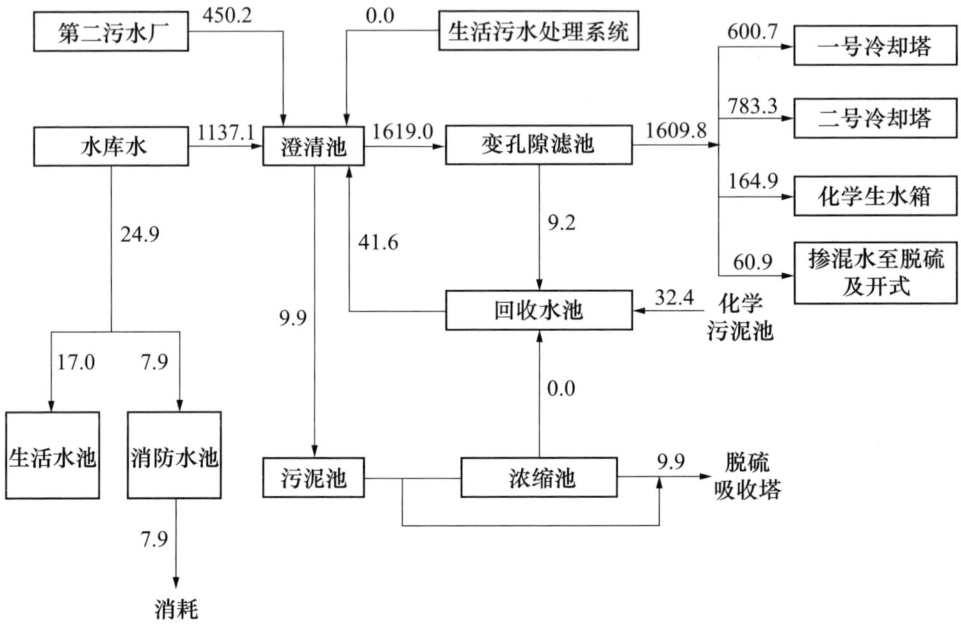

图 11-1　水源及预处理系统水量分配图（单位：m³/h）

表 11-5　　水源及预处理系统流量测定值汇总表（平均值）　　m³/h

序号	测点名称	测试方法	流量
1	水库水来水	方法 1	1137.1
2	第二污水厂中水补水	方法 1	450.2
3	生活水池供水母管	方法 1、方法 3	17.0
4	消防水池供水母管	方法 1、方法 3	7.9
5	机械搅拌澄清池排泥	方法 5	9.9
6	变孔隙滤池至回收水池	方法 5、方法 3	9.2
7	化学污泥池至回收水池	方法 5、方法 3	32.4

续表

序号	测点名称	测试方法	流量
8	回收水池至机械搅拌澄清池	方法 5、方法 3	41.6
9	1 号塔补水	方法 1	600.7
10	2 号塔补水	方法 1	783.3
11	化学生水箱补水	方法 1	164.9
12	中水掺混水至脱硫	方法 1	60.9

表 11-6　锅炉补给水处理系统流量测定值汇总表（平均值） m^3/h

序号	测点名称	测试方法	流量
1	生水箱补水	方法 1	164.9
2	多介质过滤器排水	方法 5	2.5
3	超滤排水	方法 5	25.6
4	反渗透排水	方法 5	41.4
5	阳床再生排水	方法 5	0.6
6	阴床再生排水	方法 5	0.5
7	混床再生排水	方法 5	0.1
8	除盐水至主厂房	方法 1	94.1
9	除盐水至化验室	方法 5	0.1
10	油罐区冷却水至化学污泥池	方法 2	4.3

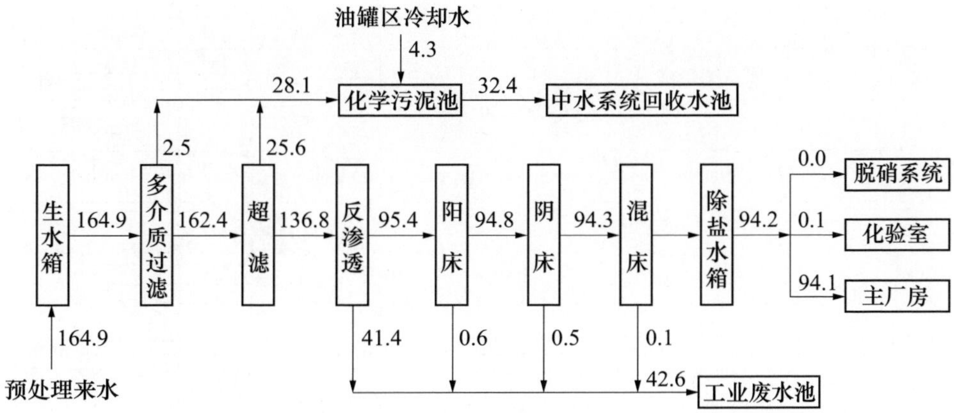

图 11-2　锅炉补给水处理系统水量分配图（单位：m^3/h）

（3）循环水及开式水系统。循环水系统采用自然通风冷却塔的单元制供水系统，每台机组配置 2 台全卧式循环水泵，单台泵流量为 20160m^3/h；冷却塔为自然通风逆流式，冷却面积为 5500m^2；凝汽器为单背压、单壳体对分式双流程表面式，凝汽器管材采用 TP317 不锈钢管。每台机组夏季 2 台循环水泵高速运行，春秋季 1 台高速、1 台低速运行，冬季因采暖及工业抽气负荷较大，采用 1 台泵低速运行。循环水排污水除作为输煤冲洗水及脱硫系统工艺用水外，其余部分外排至总排口。循环水及开式水系统水量分配图如图 11-3 所示（图中“+”前为 1 号机组数据，“+”后为 2 号机组数据），流量测定值汇总表见表 11-7。

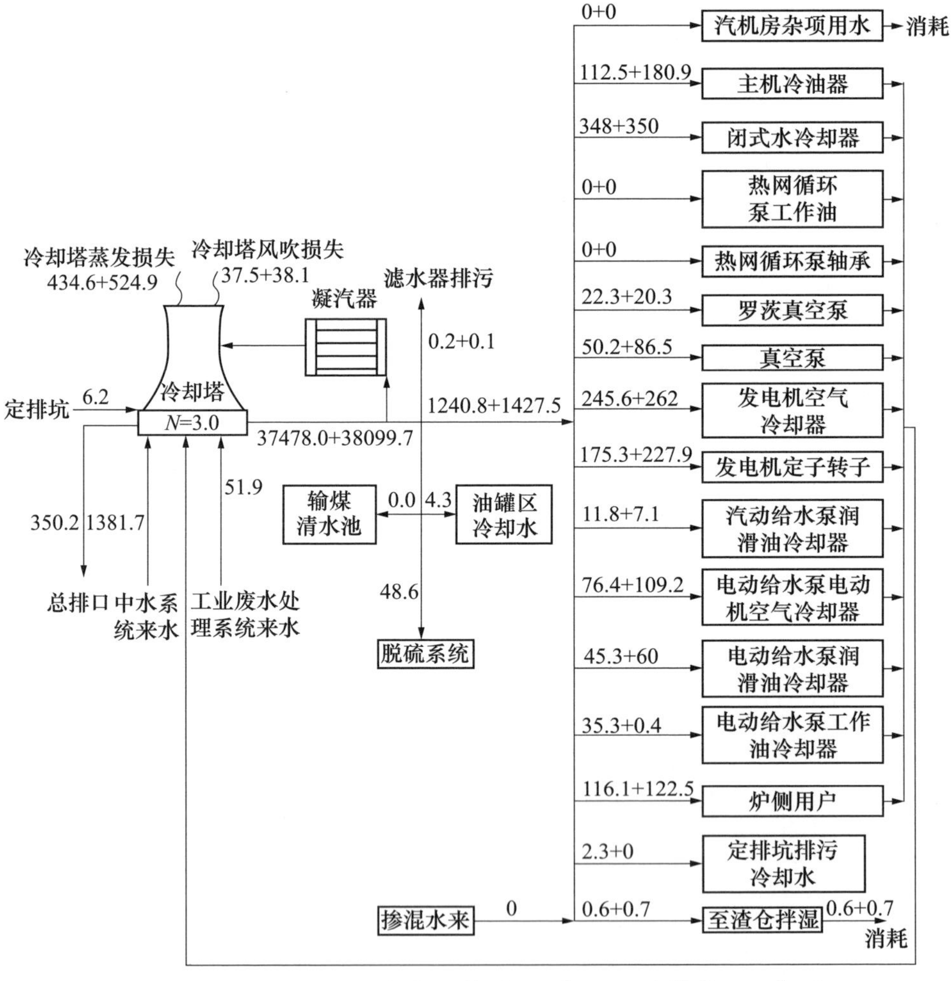

图 11-3　循环水及开式水系统水量分配图（单位：m^3/h）

表 11-7　循环水及开式水系统流量测定值汇总表（平均值）　m^3/h

序号	测点名称	测试方法	流量
1	中水系统至冷却塔补水	方法 1	1381.7
2	工业废水系统至冷却塔	方法 3	51.9
3	定排坑至冷却塔	方法 3	6.2
4	循环水回水量	方法 2	75577.7
5	中水掺混水来	方法 2	0.0
6	循环水至输煤清水池	方法 2	0.0
7	循环水至油罐区冷却水	方法 2	4.3
8	循环水至脱硫系统	方法 1	48.6
9	滤水器排污	方法 5	0.3
10	循环水至总排口排水	方法 1、方法 7	350.5
11	循环水蒸发水量	方法 7	959.5
12	风水损失	方法 7	75.6
1 号机组开式水系统			
13	开式水供水母管流量	方法 2	1240.8
14	汽机房杂项用水	方法 2	0.0
15	主机冷油器冷却水	方法 2	112.5
16	闭式水冷却器冷却水	方法 2	348.0
17	热网循环泵工作油冷却水	方法 2	0.0
18	热网循环泵轴承冷却水	方法 2	0.0
19	罗茨真空泵冷却水	方法 2	22.3
20	真空泵冷却水	方法 2	50.2
21	发电机空气冷却器冷却水	方法 2	245.6
22	发电机定子、转子冷却器冷却水	方法 2	175.3
23	汽动给水泵润滑油冷却器冷却水	方法 2	11.8
24	电动给水泵电动机空气冷却器冷却水	方法 2	76.4

续表

序号	测点名称	测试方法	流量
25	电动给水泵润滑油冷却器冷却水	方法 2	45.3
26	电动给水泵工作油冷却器冷却水	方法 2	35.3
27	炉侧用户冷却水	方法 2	116.1
28	定排坑排污冷却水	方法 2	2.3
29	至渣仓拌湿	方法 5	0.6
2 号机组开式水系统			
30	开式水供水母管流量	方法 2	1427.5
31	汽机房杂项用水	方法 2	0.0
32	主机冷油器冷却水	方法 2	180.9
33	闭式水冷却器冷却水	方法 2	350.0
34	热网循环泵工作油冷却水	方法 2	0.0
35	热网循环泵轴承冷却水	方法 2	0.0
36	罗茨真空泵冷却水	方法 2	20.3
37	真空泵冷却水	方法 2	86.5
38	发电机空气冷却器冷却水	方法 2	262.0
39	发电机定子、转子冷却器冷却水	方法 2	227.9
40	汽动给水泵润滑油冷却器冷却水	方法 2	7.1
41	电动给水泵电动机空气冷却器冷却水	方法 2	109.2
42	电动给水泵润滑油冷却器冷却水	方法 2	60.0
43	电动给水泵工作油冷却器冷却水	方法 2	0.4
44	炉侧用户冷却水	方法 2	122.5
45	定排坑排污冷却水	方法 2	0.0
46	至渣仓拌湿	方法 5	0.7

（4）工业废水处理系统。工业废水处理系统来水主要包括经常性

废水和非经常性废水，其中经常性排水包括锅炉补给水处理系统排水、实验室排水、取样排水、主厂房内工业排水、精处理再生排水等，非经常性排水包括锅炉化学清洗排水、空气预热器冲洗排水、锅炉烟气侧冲洗水、地面及设备冲洗排水等，工业废水除用于输煤冲洗系统补水外,其余作为冷却塔补水。工业废水处理系统水量分配图如图 11-4 所示，流量测定值汇总表见表 11-8。

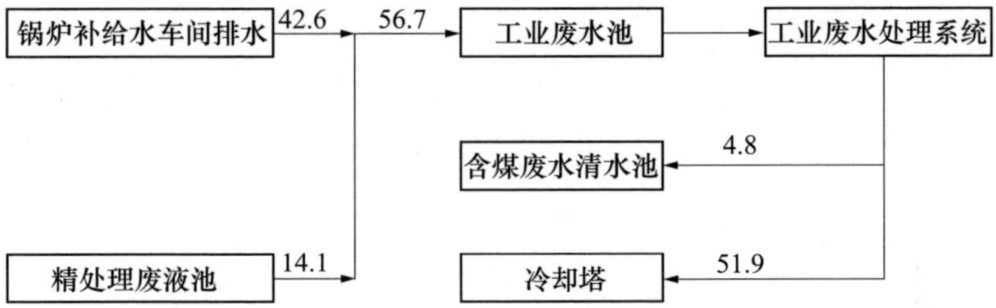

图 11-4　工业废水处理系统水量分配图（单位：m^3/h）

表 11-8　工业废水处理系统流量测定值汇总表（平均值）　m^3/h

序号	测点名称	测试方法	流量
1	锅炉补给水处理系统排水至工业废水池	方法 5、方法 3	42.6
2	精处理废水池来水	方法 5、方法 3	14.1
3	工业废水至含煤废水清水池	方法 5、方法 3	4.8
4	工业废水至冷却塔	方法 5、方法 3	51.9

（5）生活水及生活污水处理系统。生活用水水源为黄河地表水，生活饮用水处理设备处理能力为 5t/h，出水水质含盐量去除 50%，水质清澈；根据进水水质，工艺流程为锰砂过滤器→砂滤器→精密过滤器→反渗透装置工艺。生活污水处理系统来水主要是生活过程中产生的废水，包括粪便水、洗浴水、洗涤水和冲洗水等。经优化用水改造后，处理后的生活污水进入中水深度处理系统 2 号澄清池后回用，生活污水处理系统处于调试阶段，试验期间生活污水排入总排口。生活

水及生活污水处理系统水量分配图如图 11-5 所示，流量测定值汇总表见表 11-9。

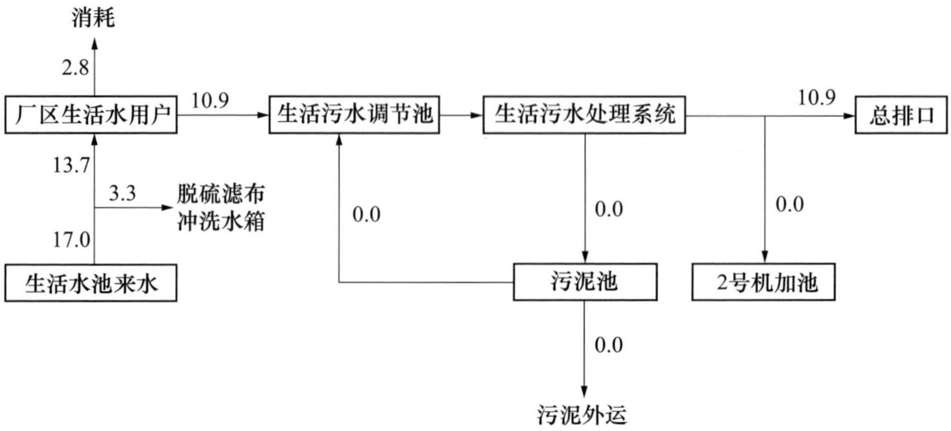

图 11-5　生活水及生活污水处理系统水量分配图（单位：m^3/h）

表 11-9　　生活水及生活污水处理系统流量测定值汇总表（平均值） m^3/h

序号	测点名称	测试方法	流量
1	生活水供水母管	方法 1	17.0
2	生活水至脱硫滤布冲洗水水箱	方法 2	3.3
3	生活污水至总排口排水	方法 3	10.9
4	生活水耗水量	方法 3	2.8

（6）输煤及含煤废水处理系统。输煤及含煤废水处理系统用水主要为厂区输煤系统栈桥、廊道和转运站的地面冲洗水，第一阶段改造后输煤系统能够实现循环利用，补充水源为工业废水及循环水，主要使用工业废水作为补充水源。试验期间含煤废水处理系统处于调试阶段，未正常投运。冲洗后含煤废水及脱硫废水进入含煤废水调节池后溢流进入总排口。输煤及含煤废水处理系统水量分配图如图 11-6 所示，流量测定值汇总表见表 11-10。

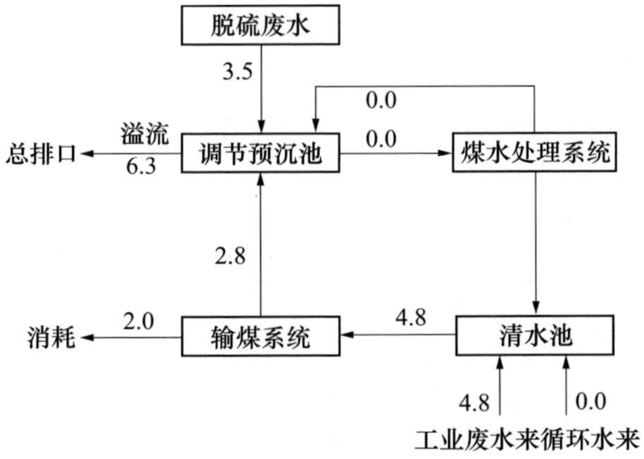

图 11-6　输煤及含煤废水处理系统水量分配图（单位：m^3/h）

表 11-10　　输煤及含煤废水处理系统流量测定值汇总表（平均值）　　m^3/h

序号	测点名称	测试方法	流量
1	工业废水至清水池补水	方法 5	4.8
2	循环水至清水池补水	方法 5	0.0
3	脱硫废水至煤水调节预沉池	方法 5	3.5
4	煤场冲洗用水	方法 5	4.8
5	调节预沉池至总排口排水溢流	方法 5	6.3
6	输煤系统消耗用水	方法 5	2.0

（7）脱硫及脱硫废水处理系统。脱硫系统工艺水为循环水。工艺水分别由工艺水泵、除雾器冲洗水泵从工艺水箱输送到各用水点。

工业水水源为中水来掺混水，工业水由工业水泵从工业水箱输送到各用水点，冷却水通过回水母管又重新回到工业水箱或工艺水箱，滤布冲洗水水源为生活水。

水平衡试验期间，脱硫废水排放至煤水调节预沉池，脱硫及脱硫废水处理系统水量分配图如图 11-7 所示，流量测定值汇总表见表 11-11。

（8）除灰渣水系统。除渣系统为干式排渣，除灰系统为气力除灰系统。干渣拌湿水源为开式循环水。除灰渣水系统水量分配图如图 11-8 所示，流量测定值汇总表见表 11-12。

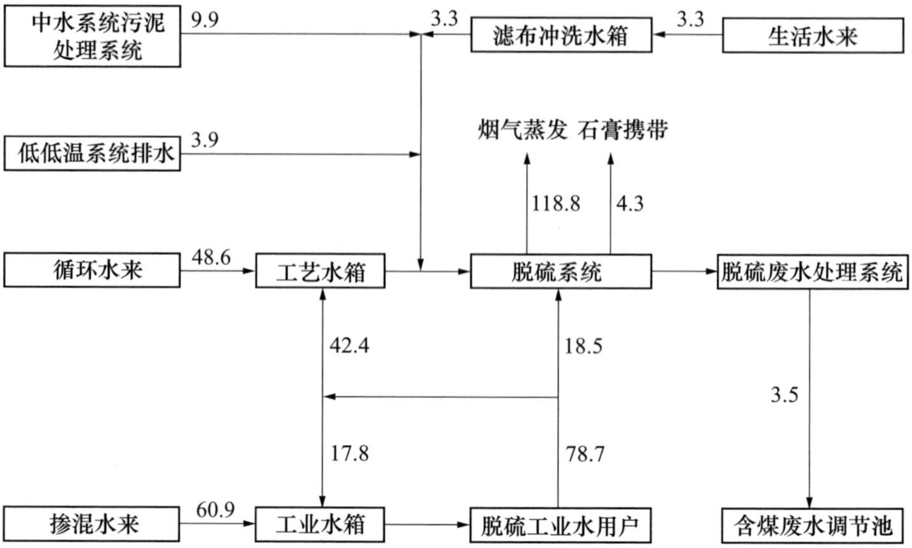

图 11-7　脱硫及脱硫废水处理系统水量分配图（单位：m^3/h）

表 11-11　　脱硫及脱硫废水处理系统流量测定值汇总表（平均值）　　m^3/h

序号	测点名称	测试方法	流量
1	脱硫工艺水箱补水	方法 1	48.6
2	脱硫工业水箱补水	方法 1	60.9
3	低低温系统排水至脱硫	电厂报表统计	3.9
4	中水污泥处理系统排水至脱硫	方法 1	9.9
5	滤布冲洗水箱来水	方法 1	3.3
6	脱硫系统烟气蒸发及石膏携带	平衡计算	123.1
7	脱硫废水至含煤废水处理系统	方法 1	3.5

图 11-8　除灰渣水系统水量分配图（单位：m^3/h）

表 11-12　除灰渣水系统流量测定值汇总表（平均值）　　m^3/h

序号	测点名称	测试方法	流量
1	1 号机组开式水至干灰拌湿用水	方法 5	0.6

续表

序号	测点名称	测试方法	流量
2	1 号机组开式水至干灰拌湿用水	方法 5	0.7
3	1、2 号机组灰渣携带	平衡计算	1.3

（9）除盐水及热力循环系统。除盐水通过除盐水泵输送到主厂房作为凝补水箱补水、凝结水精处理系统再生用水、发电机定冷水补水、凝结水泵机封水等，以保证机组汽水循环系统的正常运行。对外供汽、汽水取样、汽水损失和锅炉排污等产生的废水主要有汽水取样疏排水、锅炉排污水、吹灰损失、精处理再生废水、低低温换热器疏水等。精处理累计流量 60000m^3 再生一次，再生耗水量为 547.2m^3/次。除盐水及热力循环系统水量分配图如图 11-9 所示（图中“+”前为 1 号机组数据，“+”后为 2 号机组数据），流量测定值汇总表见表 11-13。

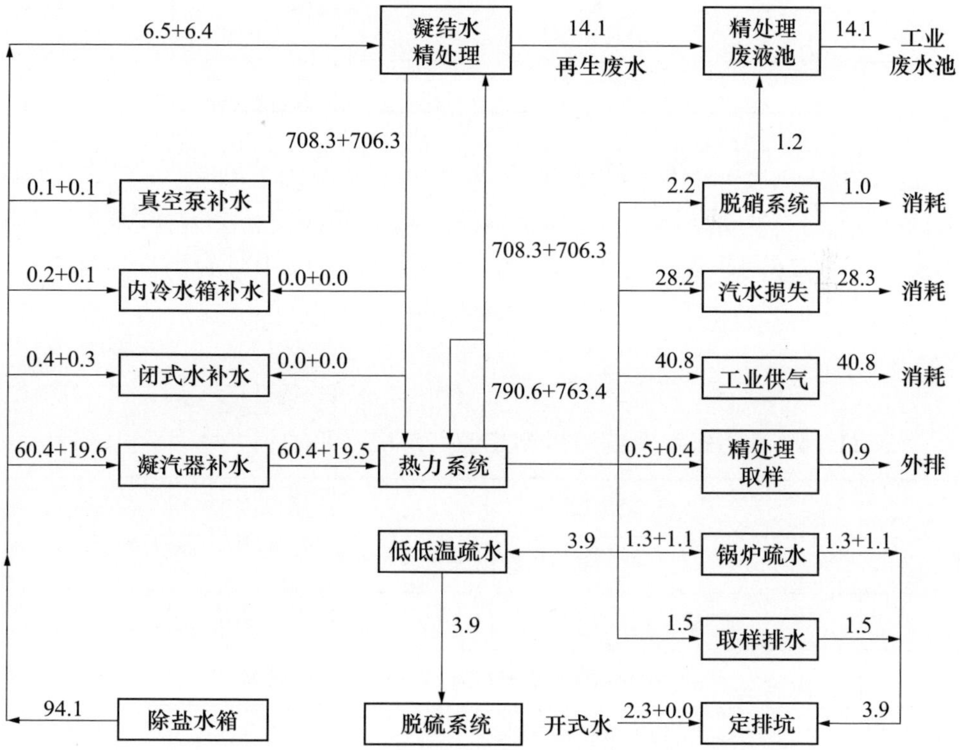

图 11-9　除盐水及热力循环系统水量分配图（单位：m^3/h）

表 11-13 除盐水及热力循环系统流量测定值汇总表（平均值） m^3/h

序号	测点名称	测试方法	流量
1	除盐水来水至主厂房	方法 1	94.1
2	除盐水至凝汽器补水	方法 1	79.9
3	除盐水至闭式水补水	方法 5	0.7
4	除盐水至内冷水箱补水	方法 5	0.3
5	除盐水至真空泵补水	方法 5	0.2
6	精处理再生废水	方法 5	14.1
7	脱硝系统消耗	方法 3	1.0
8	汽水损失	方法 3	28.3
9	工业供气消耗	方法 3	40.8
10	精处理取样消耗	方法 3	0.9
11	锅炉疏水至定排坑	方法 3	2.4
12	取样排水至定排坑	方法 3	1.5
13	低低温疏水至脱硫系统	DCS 后台查询	3.9

（10）闭式水系统。闭式水系统补水来自于化学除盐水和凝结水，试验期间采用化学除盐水，由闭式水箱通过闭式水泵升压提升后供闭式水用户冷却用。闭式水系统水量分配图如图 11-10 所示（图中“+”前为 1 号机组数据，“+”后为 2 号机组数据），流量测定值汇总表见表 11-14。

表 11-14 闭式水系统流量测定值汇总表（平均值） m^3/h

序号	测点名称	测试方法	流量
1 号机组闭式水系统			
1	闭式水热交换器出口	方法 2	413
2	热网循环泵轴承密封水	方法 2	0.0
3	精处理取样冷却水	方法 2	23.0
4	凝结水泵轴承冷却水	方法 2	1.5

续表

序号	测点名称	测试方法	流量
5	抗燃油冷却器冷却水	方法 2	3.6
6	汽动给水泵轴承及密封冷却水	方法 2	11.0
7	汽前泵轴承冷却水	方法 2	0.9
8	电动给水泵轴承及密封冷却水	方法 2	9.7
9	炉水循环泵冷却水	方法 2	86.3
10	空气压缩机室冷却系统冷却水	方法 2	222.0
11	汽水取样架冷却水	方法 2	55.3
12	化学补水至膨胀水箱	方法 5	0.4
13	凝结水补水至膨胀水箱	方法 5	0.0
2 号机组闭式水系统			
14	闭式水热交换器出口	方法 2	143.6
15	热网循环泵轴承密封水	方法 2	0.0
16	精处理取样冷却水	方法 2	24.1
17	凝结水泵轴承冷却水	方法 2	2.0
18	抗燃油冷却器冷却水	方法 2	0.9
19	汽动给水泵轴承及密封冷却水	方法 2	9.8
20	汽前泵轴承冷却水	方法 2	0.7
21	电动给水泵轴承及密封冷却水	方法 2	13.8
22	炉水循环泵冷却水	方法 2	92.3
23	空气压缩机室冷却系统冷却水	方法 2	0.0
24	汽水取样架冷却水	方法 2	0.0
25	化学补水至膨胀水箱	方法 5	0.3
26	凝结水补水至膨胀水箱	方法 5	0.0

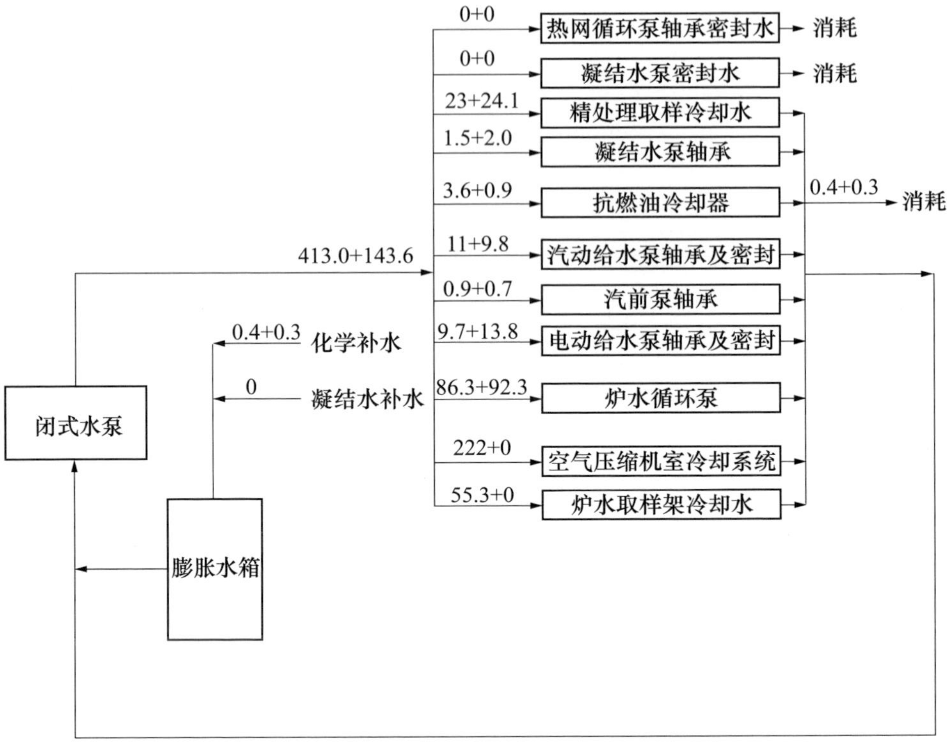

图 11-10　闭式水系统水量分配图

（11）发电机定冷水系统。发电机定子绕组采用水内冷方式，补水水源来自化学除盐水和凝结水，试验期间采用化学除盐水。发电机定冷水系统水量分配图如图 11-11 所示（图中“+”前为 1 号机组数据，“+”后为 2 号机组数据），流量测定值汇总表见表 11-15。

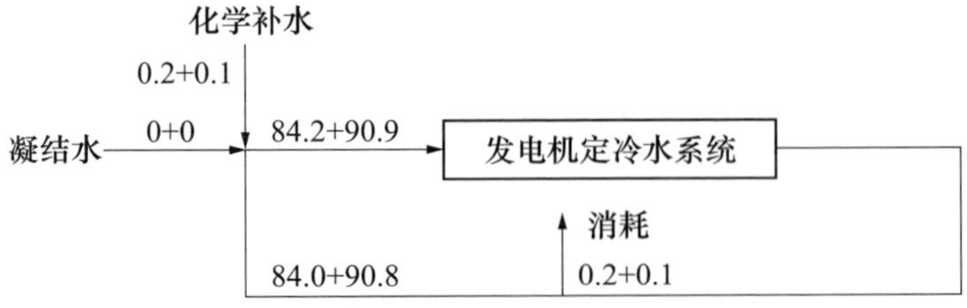

图 11-11　发电机定冷水系统水量分配图（单位：m^3/h）

表 11-15　发电机定冷水系统流量测定值汇总表（平均值）　m^3/h

序号	测点名称	测试方法	流量
1 号机组定冷水系统			
1	凝结水至定冷水补水	方法 2	0.0
2	化学补水至定冷水补水	方法 2	0.2
3	定冷水循环水量	方法 2	84.2
4	系统耗水量	方法 2	0.2
2 号机组定冷水系统			
5	凝结水至定冷水补水	方法 2	0.0
6	化学补水至定冷水补水	方法 2	0.1
7	定冷水循环水量	方法 2	90.0
8	系统耗水量	方法 2	0.1

四、试验结果评价

本次水平衡试验结果及简要评价如下：

（1）水平衡试验期间，全厂平均取水量为 1612.2m^3/h，包含工业供气取水 40.8m^3/h，生活及消防用水 24.9m^3/h。

（2）水平衡试验期间，2 台机组循环水量为 75029.2m^3/h，串、回用水量为 1951.0m^3/h，复用水量为 76980.2m^3/h（复用水量=循环水量+串、回用水量）。

（3）水平衡试验期间，2 台机组总用水量为 78592.4m^3/h（总用水量=总取水量+复用水量）。

（4）水平衡试验期间，2 台机组总损失水量为 1612.2m^3/h（包含工业供气 40.8m^3/h），其中总排水量为 368.6m^3/h。

（5）水平衡试验期间，2 台机组复用水率为 97.9%（复用水率=复用水量/总用水量），2 台机组循环水率为 95.5%（循环水率=循环水量/总用水量）。

（6）水平衡试验期间，1 号机组平均负荷为 262.0MW，2 号机组平均负荷为 253.5MW。全厂平均单位发电量取水量的评价见表 11-16。

表 11-16　　全厂平均单位发电量取水量评价汇总表　　m^3/MWh

序号	标准	标准要求 单位发电量取水量	水平衡测试结果 单位发电量取水量	满足/ 不满足
1	GB/T 18916.1—2021	2.75	2.90	不满足
2	GB/T 26925—2011	1.71		不满足
3	设计要求	2.45		不满足

注　全厂平均单位发电量取水量=发电取水量（扣除工业供气）/电厂平均发电量，中水按 1.2 系数折算。

五、节水建议

节水是一项系统工程，需要合理的工程设计和科学的水务管理，离不开高效的节水技术和先进的水处理设备。根据国家各项节水、环保政策法规的要求，结合电厂实际情况，建立合理的水量平衡系统。

1. 加强水务管理工作

加强水务管理工作参考第八章“五、节水建议”。

2. 做好节水优化

（1）节水原则。参考第八章“五、节水建议”。

（2）节水优化方案。针对 × × 电厂提出如下主要节水措施：

1）加强设备、系统管线消缺力度，确保各水处理设备运行的可靠性，消除系统管线泄漏和不合理使用。

2）脱硫系统工业水母管与脱硫工艺水母管的联络阀门存在关闭不严或者内漏现象，导致系统工业水消耗量大，循环水排污水用量减少，应及时更换或修复损坏阀门。

3）锅炉补给水车间产生的反渗透浓水、再生废水应优先作为脱硫系统工艺用水补水。

4）根据循环水动态模拟试验提高循环水浓缩倍数至 4.0，减少排污量。

5）生活污水及原水预处理排泥水，应按照节水改造要求处理合格后回用。

6）汽水取样排水水质较好，等同于除盐水，目前排至定排坑，造成高质低用，可回收至脱硝系统工艺水箱作为脱硝系统工艺用水。

7）脱硝系统加热蒸汽疏水水质较好，目前一部分用于尿素溶解，多余部分外排至精处理废液池，造成高质低用，应回收至热力系统。

8）低低温余热利用系统的蒸汽疏水排至脱硫系统，造成高质低用，应回收至热力系统。

9）含煤废水及脱硫废水目前溢流排放至总排口，存在较大环保风险，应尽快调试确保含煤废水处理系统正常投运，实现含煤废水循环利用，脱硫废水作为过渡阶段应作为输煤系统补水和干渣拌湿用水，并根据环保要求适时启动末端高盐废水零排放。

10）厂区地面冲洗及绿化用水采用消防水，不符合消防水用水规范要求，存在安全隐患，应采用处理合格后生活水或循环水排污水。

六、水平衡优化

对××电厂水资源和废水资源进行合理的调配，增加水的梯级使用级数，综合利用各级废污水，杜绝跑冒滴漏现象，还可以进一步减少取水量，具有良好的社会效益和经济效益，优化后的全厂水平衡图如图 11-13 所示。

七、结论

（1）水平衡试验期间，两台机组实际平均单位发电量取水量为 2.90m^3/MWh，有很大的节水潜力。

（2）若本节水建议提出的方案全部实施，预计全厂发电取水量由目前的 1571.4m^3/h 可减少至 1391.1m^3/h 左右，全厂将最少减少取水量约 180.3m^3/h，平均单位发电量取水量最少降至 2.55m^3/MWh（中水按 1.2 折算），具有良好的经济、社会、环境效益。

八、附图

（1）试验工况下全厂水平衡图见图 11-12。

（2）优化后全厂水平衡图见图 11-13。

分析点评

我国循环冷却机组主要分布在山西、河北、广东和河南等地，循环冷却机组热效率高，但耗水量较大，两台 1000MW 机组满负荷冷却塔蒸发损失和风吹损失可达 3000m^3/h，此类机组循环系统耗水量占总用水量的 80%以上，因此循环水系统的水量测定是此类机组测试的重点和难点。

由于现有技术条件限制，现场不能直接测量蒸发损失和风吹损失，实际工作中一般通过测量循环水量、统计环境参数和系统运行参数，使用经验公式计算取得。

此方法中循环水量准确测量尤为重要，现场可采用超声波流量计法进行辅助测量，结合泵运行参数查水泵性能曲线来查询流量，现场有条件时也会采用关闭下游用户，通过统计一段时间水池液位下降的方式较精确测量风吹和蒸发损失总和，并与理论计算作对比分析。

脱硫系统为此类机组的第二大耗水系统，应重点测试，采用累积统计方式结合运行数据计算方式进行，其余系统测试和空冷机组分系统测试方式一致。

循环冷却机组的节水重点应放在循环冷却水系统。

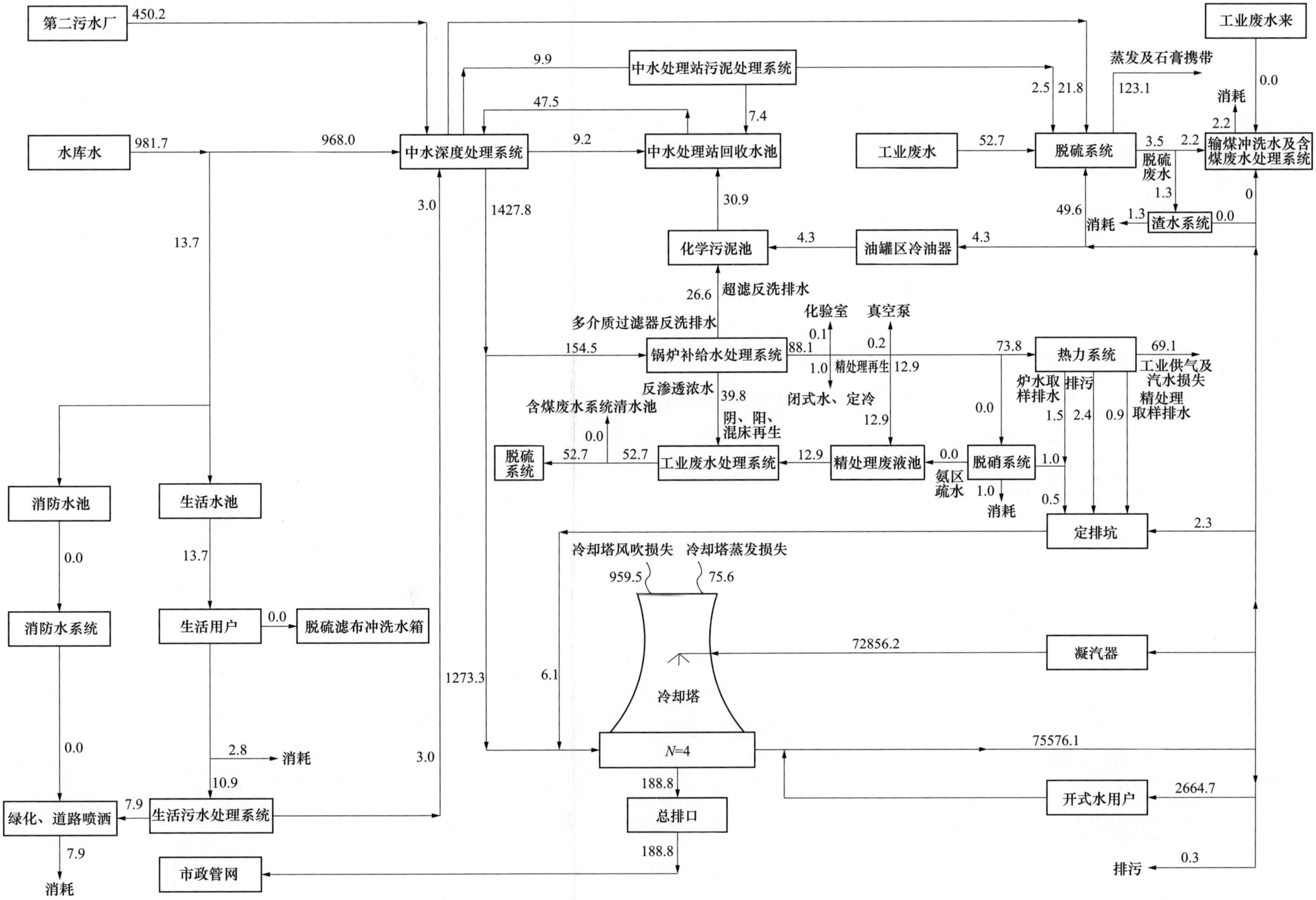

图 11-13　优化后全厂水平衡图（单位：m^3/h）

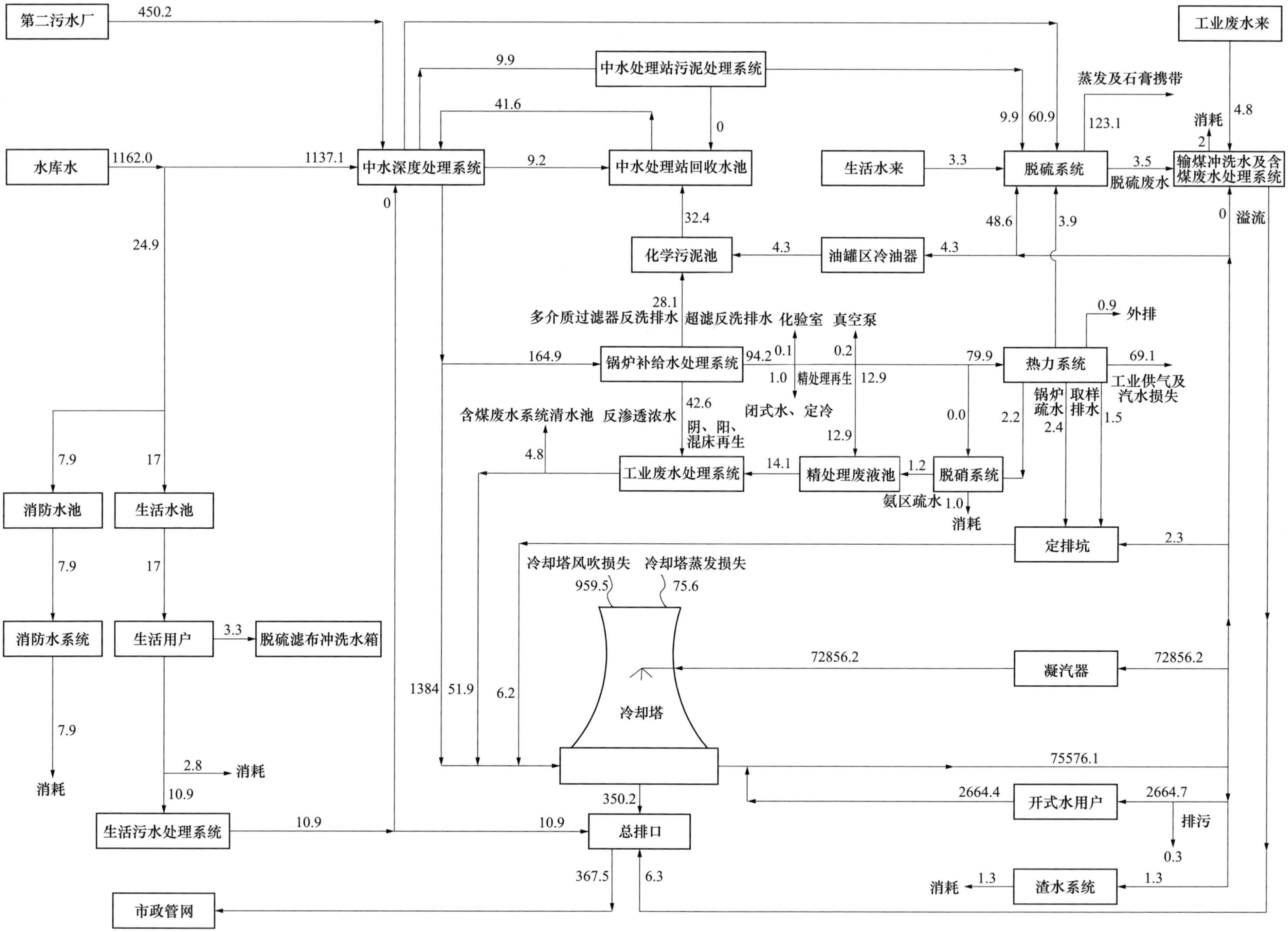

图 11-12　试验工况下全厂水平衡图（单位：m^3/h）

第十二章

案例分析——燃气机组

导读

燃气-蒸汽联合循环机组由于具有高效低耗、启动快、调节灵活、可用率高、投资省、建设周期短及环境污染小等优点，在国外电力行业正日益得到重视和发展，我国沿海一带建设了大量的此类机组。

在功率相同的条件下，同等功率的燃气-蒸汽联合循环机组与燃煤机组相比，其余热锅炉仅占总负荷的 1/3 左右，联合循环热效率却可以达到 55%。所需循环水量大大降低，同时，燃气-蒸汽联合循环机组无脱硫废水、冲灰废水与煤场废水等，因此较燃煤机组可以节水 50%～70%。

一、概述

随着国家新《环境保护法》《水十条》等各项环保政策的不断出台，环保监管日趋严格，对水资源利用及水污染防治提出更高要求。新建电厂的环评批复已普遍要求实施废水零排放，已建电厂的污染物排放指标也不断严格。

1. 任务来源

为了响应国家号召，满足环评批复、排污许可证及地方政府要求，按照上级主管部门的要求，××电厂委托××研究院进行深度优化用水改造后的水平衡试验。

2. 试验目的

根据全厂各系统用水量及水质情况，通过对目前水系统水量、水质等方面的分析，论证电厂水系统优化改造的用水实际效果；找出系统用水存在的主要问题，并提出合理完善的处理措施。为制定切实可行的节水技术措施和规划提供依据，为取水许可证提供水量平衡现状基础数据。

3. 基本情况

××电厂位于××省××市长江南岸，新建 2×185MW 的燃气-蒸汽联合循环发电供热机组。其中，每期建设一台 125MW 的燃气轮机配套一台余热锅炉以及一台 60MW 的汽轮发电机组。燃气轮机是 GE 公司生产的机组，配套的锅炉一期是由武汉锅炉厂生产的余热锅炉，二期是由中船重工第七〇三研究所生产的余热锅炉。一期工程于 2010 年 4 月投入运营，二期工程于 2015 年 4 月投入运营。

（1）燃气轮机技术规范见表 12-1。

表 12-1　　燃气轮机技术规范表

序号	名称	单位	参数
1	燃气轮机型号		PG9171E 型
2	发电机型号		南京汽轮电机厂生产的 QFR-135-2
3	额定（铭牌）功率	MW	125.4
4	联合循环功率	MW	185
5	转速	r/min	3000

（2）一、二期余热锅炉技术规范见表 12-2、表 12-3。

表 12-2　　一期余热锅炉技术规范

序号	名称	单位	设计工况值
1	高压过热器出口蒸汽温度	℃	516
2	高压过热器出口蒸汽产量	t/h	194.98

续表

序号	名称	单位	设计工况值
3	低压过热器出口蒸汽温度	℃	256
4	余热锅炉排烟温度	℃	98
5	高压给水温度	℃	161.4
6	低压给水温度	℃	87

表 12-3　　　　二期余热锅炉技术规范

序号	名称	单位	设计工况值
1	高压过热蒸汽温度	℃	521 ± 5
2	高压过热蒸汽产量	t/h	191.5
3	低压过热蒸汽温度	℃	253 ± 10
4	低压过热蒸汽产量	t/h	33.6
5	锅炉排污率	%	0.5
6	给水温度	℃	164.7
7	冷凝水温度	℃	38
8	锅炉排烟温度	℃	102.0

（3）汽轮机技术规范见表 12-4。

表 12-4　　　　汽轮机技术规范

序号	名称	单位	设计工况值
1	额定功率	MW	60
2	额定转速	r/min	3000
3	主蒸汽压力	MPa	5.8
4	主蒸汽温度	℃	518
5	主蒸汽流量	t/h	191.5
6	额定可调整抽汽量	t/h	121
7	循环水温度	℃	19

（4）天然气供气系统。天然气作为燃料，由城市高压管道向电厂供气，来气压力为 0.6～1.6MPa。最大年供气能力 $3.2 \times 10^8 m^3$（标况下 2 台机组）。

二、试验工况

1. 试验原则和技术依据

水平衡试验原则和技术依据参考附录一。

2. 试验项目、方法、仪器

（1）试验项目及内容。依据××电厂有关设计资料、系统图、规程等，电厂水系统主要分为以下几个部分：化学制水系统、循环水及开式水系统、闭式水系统、工业消防水系统、生活水系统、热力循环系统、工业废水处理系统、含油废水处理系统等分系统进行试验。根据试验大纲的要求，水平衡试验内容如下：

1）化学制水系统水量的测定、计算。

2）循环水及开式水系统水量的测定、计算。

3）工业废水处理系统水量的测定、计算。

4）生活水系统水量的测定、计算。

5）热力循环系统水量的测定、计算。

6）闭式水系统水量的测定、计算。

7）全厂总取水量、总用水量、复用水量、循环水量、耗水量的测定与计算。

8）全厂废水及污水处理系统水量、全厂总排水量、回用水量的测定和计算。

9）全厂复用水率、损失水率的计算。

10）全厂发电取水量、单位发电量取水量的计算。

11）绘制全厂水平衡图。

（2）试验方法的选择。水平衡试验方法参考第四章“二、流量测量方法”。

（3）试验仪器。试验仪器见表 12-5，其中试验仪器的检定/校验日期应在有效期内。

表 12-5　　试　验　仪　器

序号	工器具名称	型号规格	数量	备注
1	便携式超声波流量计	PT900	4 套	
2	测厚仪	PT9-TG 测厚探头	2 套	
3	电子秒表	PC2009	1 台	
4	探头	591、592 等	6 对	
5	数据连接线		4 根	
6	固定用架子	磁铁、标尺等	4 套	
7	其他辅助工具		若干	

3. 试验期间机组运行状况

××年××月××日至××年××月，在××电厂相关技术部门的积极配合下，完成了全厂的水平衡试验工作。据试验期间统计调查：一期平均发电量为（91.1+51.88）MW，平均蒸汽流量为（165.8+24.5）m^3/h；二期平均发电量为（92.20+55.63）MW，平均蒸汽流量为（160.1+26.1）m^3/h。

三、分系统水量分配

1. 循环水与开式水系统

××电厂取水水源来自长江，年平均水温为26℃，最高40℃。原水水体含盐量小、硬度低、有机物含量少，水质优良。

电厂各机组均采用单元制直流供水系统，取水口位于江边循环泵船，取水泵为循环泵，采用母管直流供水方式。一期配两台大泵（流量 5796m^3/h），一台小泵（流量 4032m^3/h）；二期配两台大泵（流量 6000m^3/h），一台小泵（流量 3600m^3/h）。循环水为机组提供凝汽器冷却水、开式冷却水等，同时循环水又进入净化站处理后为电厂提供消防、化学等用水量。

一、二期机组均采用直流冷却方式，取自长江水，通过循环水泵提升后进入凝汽器，经凝汽器换热后通过 DW002、DW003 排放口排至长江。一期开式冷却水从循环水进水母管上取得，经过二次过滤器过滤后由开式水泵提供给开式水用户，回水经循环水排水管排至长江。一期开式水用户有闭式水换热器、润滑油冷却器、水环真空泵冷却器、凝汽器、水冷换热器。二期开式水用户有闭式水换热器、水环真空泵冷却器、凝汽器、水冷换热器。冲洗水由工业水提供。一、二期循环水及开式水系统水量分配图如图 12-1 所示。

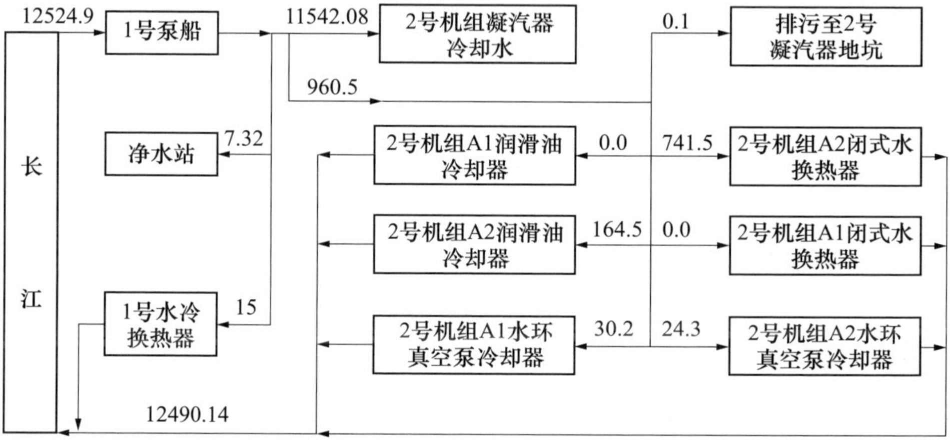

（a）

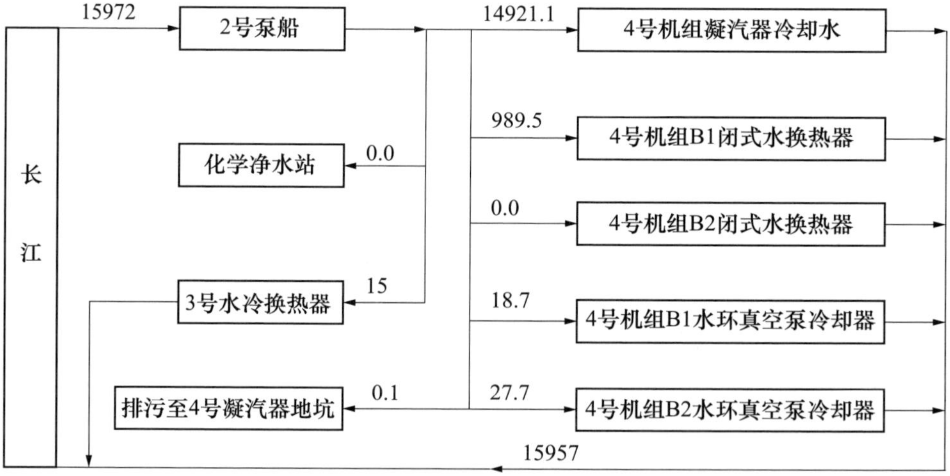

（b）

图 12-1　循环水及开式水系统水量分配图（单位：m^3/h）

（a）一期机组；（b）二期机组

2. 闭式水系统

闭式水系统水源为凝结水和除盐水，目前使用凝结水，凝结水补充闭式循环膨胀水箱，回水由冷却水泵供给板式换热器，经冷却后供给各闭式水用户，然后再重复利用，2、4 号机组闭式水系统水量分配图如图 12-2 所示。

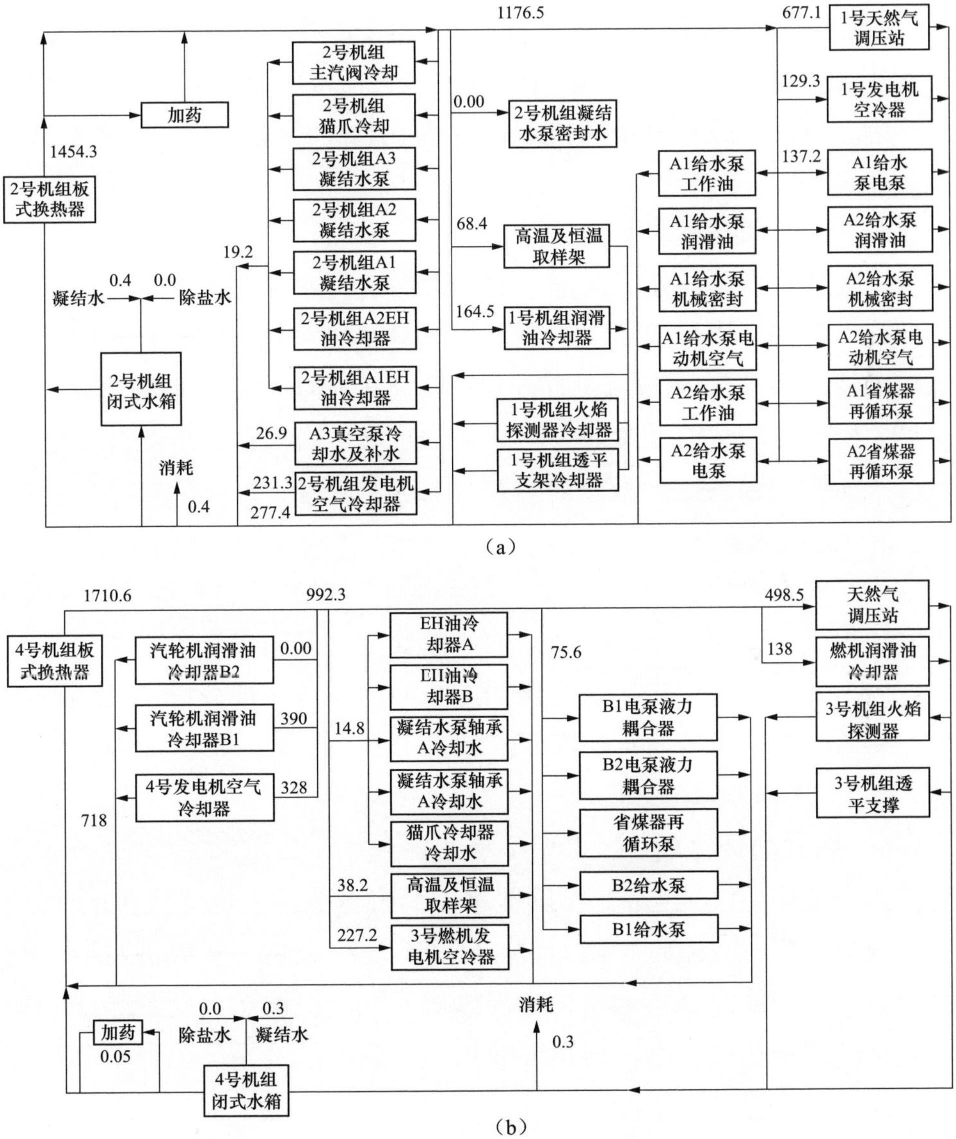

图 12-2 闭式水系统水量分配图（单位：m^3/h）

（a）2 号机组；（b）4 号机组

3. 化学制水系统

化学制水系统补水为循环水经净水站处理后的清水。系统处理方式为过滤器、一级除盐+混床方式进行处理。过滤器 4 套、一级除盐系统共 3 套，混床共 3 套。系统连接一级除盐系统采用串联方式，过滤器和混床采用并联方式。化学制水系统产生的工业废水主要包括：澄清池排泥冲洗水、过滤器冲洗、除盐系统再生废水。废水统一收集至工业废水池贮存池 B 经处理合格后接入总排口，和生活污水一起通过厂区编号 001 口排放。化学制水系统水量分配图如图 12-3 所示。

4. 工业消防水系统

工业消防水系统水源为净水站处理后的清水，由工业水泵提升后一部分去机房用于燃机岛、锅炉岛和机房冲洗水；一部分补充到工业消防水池，经工业/消防水泵提升后用于工业消防水系统。汽机岛、锅炉岛、燃机岛冲洗设计水源为开式水，目前厂区绿化、卫生使用工业水。工业消防水系统水量分配图如图 12-4 所示。

5. 生活水系统

生活水水源由市政管网供给，经生活水泵提升后进入生活水管网，主要用于生产区和生活区生活用水。设计工艺采用曝气生物流化池，处理后出水一部分用于厂区绿化和道路冲洗，另一部分排入长江。目前改造后生活污水经污水处理系统处理后排入污水管网。生活水系统水量分配图如图 12-5 所示。

6. 热力循环系统

热力循环系统工艺流程：除盐水→凝汽器热井→低压汽包/除氧器→高压给水泵→高压省煤器→过热器→汽轮机做功→发电机发电。做完功的一部分蒸汽经再热器重新加热再回汽轮机做功，剩余部分经凝汽器换热后变成液态水，再循环使用。在热力系统循环过程中会有汽水损失，除盐水补入凝汽器热井，补充热力系统汽水损失，系统流程图如图 12-6 所示。

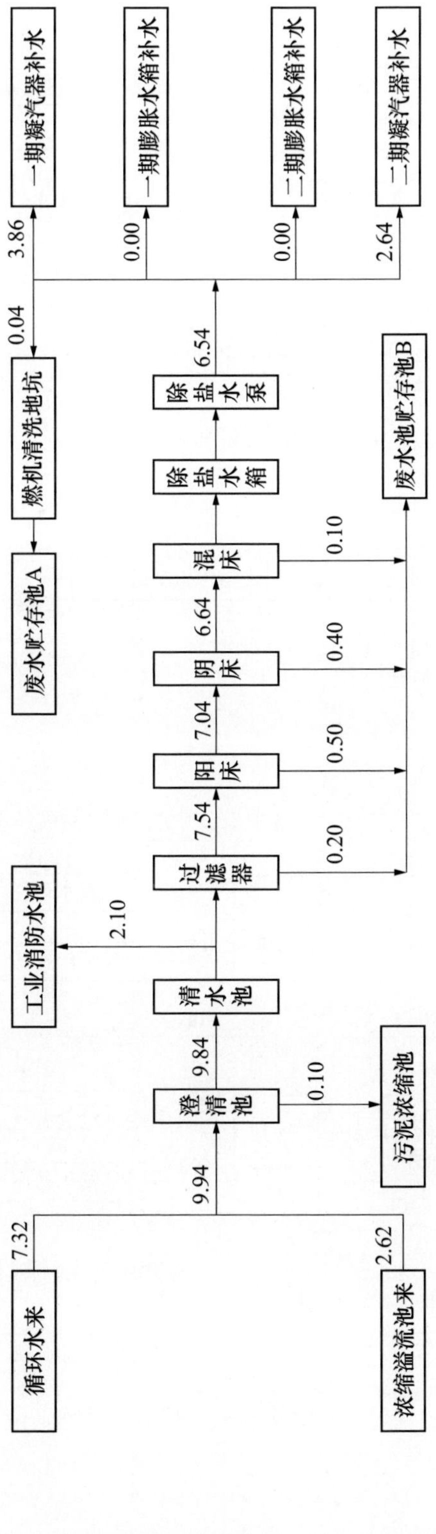

图 12-3　化学制水系统水量分配图（单位：m^3/h）

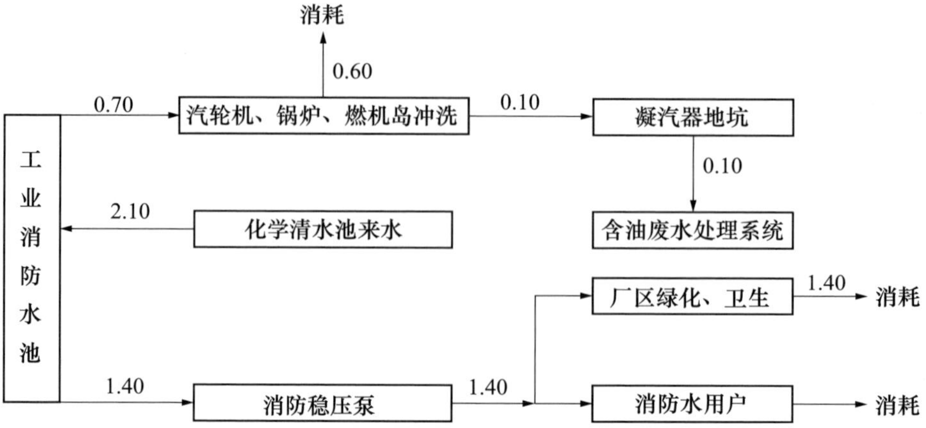

图 12-4　工业消防水系统水量分配图（单位：m^3/h）

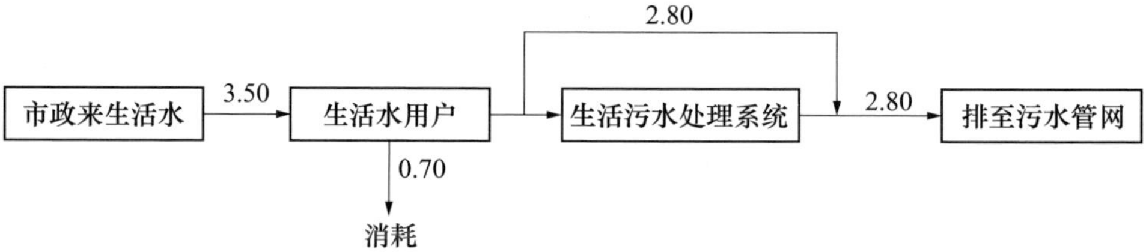

图 12-5　生活水系统水量分配图（单位：m^3/h）

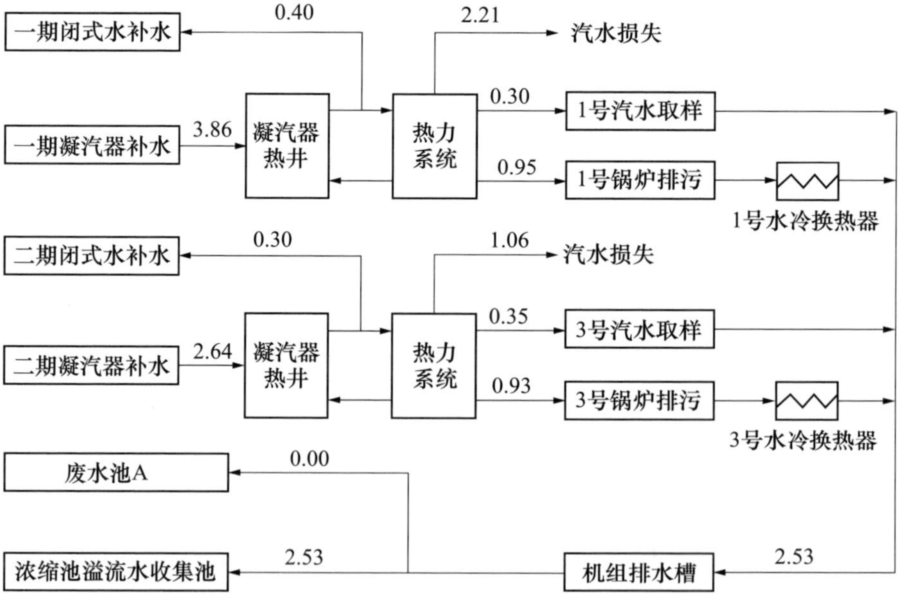

图 12-6　热力循环系统水量分配图（单位：m^3/h）

7. 工业废水处理系统

工业废水种类包括除盐水系统酸碱废水、机械过滤器冲洗废水、锅炉定排连排水、汽水取样排水和一些非经常性废水。将锅炉定排连排水、污泥浓缩池溢流水和汽水取样排水收集至净水站系统，不再作为工业废水外排。剩余废水经处理达标后通过废水总排放口进入市政污水管网。工业废水处理系统水量分配图如图 12-7 所示。

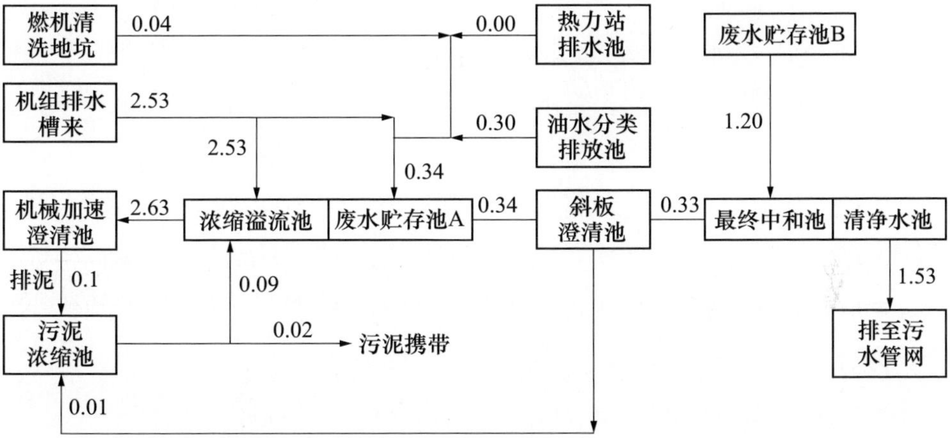

图 12-7　工业废水处理系统水量分配图（单位：m^3/h）

8. 含油废水处理系统

含油废水处理系统废水主要来自凝汽器地坑，经含油废水系统处理后进入工业废水处理系统，含油废水处理系统水量分配图如图 12-8 所示。

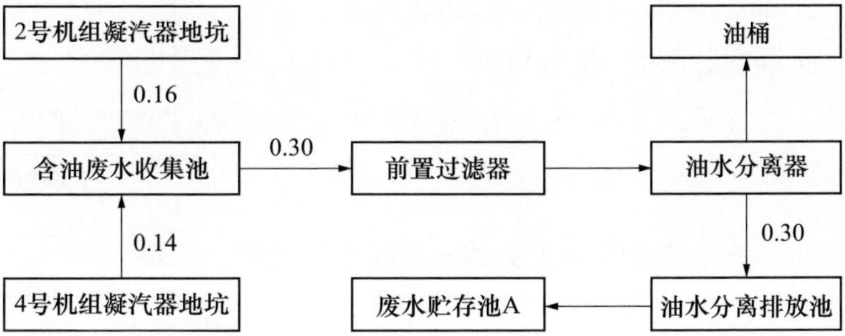

图 12-8　含油废水处理系统水量分配图（单位：m^3/h）

四、试验结果汇总

1. 计算与分析方法

水平衡试验数据的整理层次，由设备到系统，再到全厂，逐级计算整理、平衡。通过各用水体系的水平衡计算绘制出按水系统分类的水平衡框图。再计算出全厂的总用水量、取水量、复用水量、耗水量、排水量，并绘制出全厂水平衡图。

（1）各用水体系水平衡计算。

1）绘制按水系统分类的水平衡框图，建立相应的水平衡方程式。

2）计算出全厂总用水量、取水量、复用水量、耗水量、排水量。

3）试验数据均在平均负荷率下，多次试验并计算所得平均值。

4）根据水平衡方程式计算结果，得出全厂各类用水所占的比率、全厂复用水率、排放水率等指标。

5）绘制出全厂水平衡图。

（2）试验结果分析。

1）根据水平衡数据分析改造后节水效果。

2）用水合理化分析：综合考虑各用水系统水量、水质情况，结合系统材质、运行状况等因素，计算分析用水是否合理，查出不合理因素和管理上的薄弱环节。

3）挖掘节水潜力，制定出节水方案。

4）根据试验数据计算发电取水量。

2. 水平衡试验平衡统计表

（1）一、二期循环水及开式水系统水量试验平衡表见表 12-6、表 12-7。

表 12-6　一期循环水及开式水系统水量试验平衡表　m^3/h

测点名称	来水性质	去向	测试方法	流量
凝汽器冷却水	系统循环	凝汽器	方法 2	11542.08

续表

测点名称	来水性质	去向	测试方法	流量
循环水供水母管去 1 号水冷换热器	系统循环	定排冷却水	方法 2	15.0
循环水供水母管去净水站	输出串用	净水站	方法 1	7.32
开式水泵出口去 2 号机润滑油冷却器	系统循环	开式水用户	方法 2	164.5
开式水泵出口去 2 号机真空泵冷却器	系统循环	开式水用户	方法 2	54.4
开式水泵出口去 2 号机组闭式水换热器	系统循环	开式水用户	方法 2	741.5
电动过滤器排污	输出串用	凝结水泵坑	方法 5	0.1

注　系统输入水量 12524.9m^3/h，其中，输入新水水量为 7.42m^3/h，循环水量为 12517.48m^3/h；系统输出水量为 7.42m^3/h，其中，输出成品水量为 0m^3/h，输出到其他系统水量为 7.42m^3/h。输入、输出水量平衡。

表 12-7　　二期循环水及开式水系统水量试验平衡表　　m^3/h

测点名称	来水性质	去向	测试方法	流量
凝汽器冷却水	系统循环	凝汽器	方法 2	14921.1
循环水供水母管去 3 号水冷换热器	输出串用	定排冷却水	方法 2	15.0
循环水供水母管去净水站	输出串用	净水站	方法 1	0.0
开式水泵出口去 2 号机真空泵冷却器	系统循环	开式水用户	方法 2	46.4
开式水泵出口去 2 号机组闭式水换热器	系统循环	开式水用户	方法 2	989.5
电动过滤器排污	输出串用	凝结水泵坑	方法 5	0.1

注　系统输入水量 15972m^3/h，其中，输入新水水量为 0.1m^3/h，循环水量为 15971.9m^3/h；系统输出水量为 0.1m^3/h，其中，输出到其他系统水量为 0.1m^3/h。输入、输出水量平衡。

（2）2、4 号机组闭式水系统水量试验平衡表见表 12-8、表 12-9。

表 12-8　　2 号机组闭式水系统水量试验平衡表　　m^3/h

测点名称	来水性质	去向	测试方法	流量
凝结水至闭式水箱	输入串用水	闭式水系统	方法 2	0.4
除盐水至闭式水箱	输入成品水	闭式水系统	方法 2	0.0

续表

测点名称	来水性质	去向	测试方法	流量
板式换热器出口	系统循环	闭式水系统	方法 2	1453.9
取样、恒温架排水	输出消耗	消耗	方法 6	0.4

注　闭式水系统输入水量为 0.4m^3/h；闭式水系统输出耗水量为 0.4m^3/h；系统内部循环水量为 1453.9m^3/h。输入、输出水量平衡。

表 12-9　　4 号机组闭式水系统水量试验平衡表　　m^3/h

测点名称	来水性质	去向	测试方法	流量
凝结水至闭式水箱	输入成品水	闭式水系统	方法 2	0.3
除盐水至闭式水箱	输入成品水	闭式水系统	方法 2	0.0
膨胀水箱出口	凝结水	闭式水系统	方法 2	1710.3
取样、恒温架排水	排放	排放	方法 6	0.3

注　闭式水系统输入水量为 0.3m^3/h；闭式水系统输出耗水量为 0.3m^3/h；系统内部循环水量为 1710.3m^3/h。输入、输出水量平衡。

（3）化学制水系统水量试验平衡表见表 12-10。

表 12-10　　化学制水系统水量试验平衡表　　m^3/h

测点名称	来水性质	去向	测试方法	流量
循环水供水母管来	输入串用	净水站	方法 2	7.32
浓缩池溢流池来	废水回用	净水站	方法 2	2.62
清水池去工业水泵	输出串用	工业消防水系统	方法 2	2.1
除盐水泵出口至燃气轮机在线清洗	输出串用	燃气轮机在线清洗系统	方法 5	0.04
除盐水泵出口至一期凝汽器补水	输出成品	凝汽器热井	方法 1	3.86
除盐水泵出口至一期膨胀水箱补水	输出成品	闭式水系统	方法 2	0.0
除盐水泵出口至二期凝汽器补水	输出成品	凝汽器热井	方法 1	2.64
除盐水泵出口至二期膨胀水箱补水	输出成品	闭式水系统	方法 2	0.0
澄清池排泥	输出串用	污泥浓缩池	方法 5	0.1

续表

测点名称	来水性质	去向	测试方法	流量
过滤器冲洗排水	输出串用	工业废水池	方法 5	0.2
阳床排水	输出串用	工业废水池	方法 5	0.5
阴床排水	输出串用	工业废水池	方法 5	0.4
混床排水	输出串用	工业废水池	方法 5	0.1

注　系统输入水总量 9.94m^3/h，其中，输入串用水量为 7.32m^3/h，输入废水回用水量为 2.62m^3/h；系统输出总水量为 9.94m^3/h，其中，输出串用水量为 3.44m^3/h，输出成品水量为 6.5m^3/h。输入、输出水量平衡。

（4）2、4 号机组热力循环系统水量试验平衡表见表 12-11、表 12-12。

表 12-11　　2 号机组热力循环系统水量试验平衡表　　m^3/h

测点名称	来水性质	去向	测试方法	流量
一期凝汽器补水	输入成品	凝汽器热井	方法 1	3.86
至一期闭水系统补水	输入串用	膨胀水箱	方法 2	0.4
热力系统排污（机组排水槽）来水	输出串用	工业废水处理系统浓缩溢流水池	方法 5	1.25
汽水损失及取样	输出消耗	消耗	方法 3	2.21
系统循环水量	内部循环	系统循环	DCS 查询	190.3

注　系统总补水量为 3.86m^3/h，系统输出总水量为 3.86m^3/h，其中，输出串用水量为 1.65m^3/h，输出耗水量为 2.21m^3/h；系统内部循环水量为 190.3m^3/h。输入、输出水量平衡。

表 12-12　　4 号机组热力循环系统水量试验平衡表　　m^3/h

测点名称	来水性质	去向	测试方法	流量
二期凝汽器补水	输入成品	凝汽器热井	方法 1	2.64
至二期闭水系统补水	输入串用	膨胀水箱	方法 2	0.3

续表

测点名称	来水性质	去向	测试方法	流量
热力系统排污（机组排水槽）来水	输出串用	工业废水处理系统浓缩溢流水池	方法 5	1.28
汽水损失及取样	输出消耗	消耗	方法 3	1.06
系统循环水量	内部循环	系统循环	DCS 查询	186.2

注　系统总补水量为 3.86m^3/h，系统输出总水量为 3.86m^3/h，其中，输出串用水量为 1.65m^3/h，输出耗水量为 2.21m^3/h；系统内部循环水量为 186.2m^3/h。输入、输出水量平衡。

（5）生活水系统水量试验平衡表见表 12-13。

表 12-13　　生活水系统水量试验平衡表　　m^3/h

测点名称	来水性质	去向	测试方法	流量
市政生活水来	输入新水	生活水用户	方法 1	3.5
至排污管网	输出排放	污水处理厂	方法 2	2.8
系统消耗	输出消耗	消耗	方法 3	0.7

注　系统输入总水量为 3.5m^3/h，其中，输入取水量为 3.5m^3/h，输入串用水量为 0m^3/h；系统输出总水量为 3.5m^3/h，其中，输出排水量为 2.8m^3/h，输入耗水量为 0.7m^3/h。输入、输出水量平衡。

（6）工业水与消防水系统水量试验平衡表见表 12-14。

表 12-14　　工业水与消防水系统水量试验平衡表　　m^3/h

测点名称	来水性质	去向	测试方法	流量
工业水泵出口	输入串用	工业消防水系统	测量、调查、统计	2.1
汽机岛、燃机岛冲洗	输出串用	凝结水泵坑	方法 2	0.1
锅炉岛冲洗	输出消耗	消耗	方法 5	0.6
厂区卫生绿化等	输出排放	消耗	方法 5	1.4

注　系统输入水总量为 2.1m^3/h，其中，输入串用水量为 2.1m^3/h；系统输出总水量为 2.1m^3/h，其中，输出串用水量为 0.1m^3/h，输出耗水量为 2m^3/h。输入、输出水量平衡。

（7）工业废水处理系统水量试验平衡表见表 12-15。

表 12-15　　工业废水处理系统水量试验平衡表　　m^3/h

测点名称	来水性质	去向	测试方法	流量
热力站排水池来	输入串用	工业废水池 A	方法 5	0.0
含油废水处理系统来	输入串用	工业废水池 A	方法 5	0.3
污泥浓缩池来	输入串用	浓缩溢流池	方法 2	0.09
机组排水槽来	输入串用	工业废水池 A	方法 5	2.53
化学制水系统排水	输入串用	工业废水池 B	方法 5	1.2
燃气轮机清洗地坑排水	输入串用	工业废水池 A	方法 5	0.04
机械搅拌澄清池排泥	输入串用	浓缩溢流池	方法 5	0.1
浓缩溢流池至机械搅拌澄清池	废水回用	净水站	方法 2	2.62
清净水池排至污水管网	达标排放	排污水管网	方法 2	1.53
污泥携带	废水消耗	污泥携带消耗	方法 3	0.02

注　系统输入水总量为 $4.17m^3/h$，其中，输入串用水量为 $4.17m^3/h$；系统输出总水量为 $4.17m^3/h$，其中，输出回用水量为 $2.62m^3/h$，输出耗水量为 $0.02m^3/h$，输出外排水量为 $1.53m^3/h$。输入、输出水量平衡。

（8）含油废水处理系统水量试验平衡表见表 12-16。

表 12-16　　含油废水处理系统水量试验平衡表　　m^3/h

测点名称	来水性质	去向	测试方法	流量
一期凝结水泵坑来水	输入串用	含油废水处理系统	方法 5	0.16
二期凝结水泵坑来水	输入串用	含油废水处理系统	方法 5	0.14
含油废水出水至工业废水	输出串用	工业废水池 A	方法 5	0.3

注　系统输入水总量为 $0.3m^3/h$，其中，输入串用水量为 $0.3m^3/h$；系统输出总水量为 $0.3m^3/h$，其中，输出串用水量为 $0.3m^3/h$。输入、输出水量平衡。

3. 各用水单元年均水量试验统计表

各用水单元年均水量试验统计表见表 12-17。

表 12-17　　各用水单元年均水量试验统计表　　m^3/h

系统名称	系统输入水量					循环水量		系统输出水量								
	新水		成品水、串、回用水量					串用水量			系统耗水量			排水量		
	江水	市政	成品水	串用水量	废水回用量	循环水量	冷凝蒸汽循环量	成品水	去其他系统	去工业废水	蒸发风吹损失	固废带走消耗	损耗、漏失	废水排放	温排水量	对外供热
一期循环水与开式水系统	12524.9	0.0	0.0	0.0	0.0	0.0	0.0	0.0	7.42	0.0	0.0	0.0	0.0	0.0	12517.48	0.0
二期循环水与开式水系统	15972.0	0.0	0.0	0.0	0.0	0.0	0.0	0.0	0.1	0.0	0.0	0.0	0.0	0.0	15971.9	0.0
2 号机组闭式水系统	0.0	0.0	0.0	0.4	0.0	1453.9	0.0	0.0	0.0	0.0	0.0	0.0	0.4	0.0	0.0	0.0
4 号机组闭式水系统	0.0	0.0	0.0	0.3	0.0	1710.3	0.0	0.0	0.0	0.0	0.0	0.0	0.3	0.0	0.0	0.0
一期热力循环系统	0.0	0.0	3.86	0.0	0.0	0.0	190.3	0.0	0.4	1.25	0.0	0.0	2.21	0.0	0.0	0.0
二期热力循环系统	0.0	0.0	2.64	0.0	0.0	0.0	186.2	0.0	0.3	1.28	0.0	0.0	1.06	0.0	0.0	0.0
化学制水系统	0.0	0.0	0.0	7.32	2.62	0.0	0.0	6.5	2.1	1.34	0.0	0.0	0.0	0.0	0.0	0.0

续表

系统名称	系统输入水量					循环水量		系统输出水量								
	新水		成品水、串、回用水量					串用水量			系统耗水量			排水量		
	江水	市政	成品水	串用水量	废水回用量	循环水量	冷凝蒸汽循环量	成品水	去其他系统	去工业废水	蒸发风吹损失	固废带走消耗	损耗、漏失	废水排放	温排水量	对外供热
生活水系统	0.0	3.5	0.0	0.0	0.0	0.0	0.0	0.0	0.0	0.0	0.0	0.0	0.7	2.8	0.0	0.0
工业水与消防水系统	0.0	0.0	0.0	2.1	0.0	0.0	0.0	0.0	0.1	0.0	0.0	0.0	2.0	0.0	0.0	0.0
工业废水处理系统	0.0	0.0	0.0	4.17	0.0	0.0	0.0	0.0	2.62	0.0	0.0	0.02	0.0	1.53	0.0	0.0
含油废水处理系统	0.0	0.0	0.0	0.3	0.0	0.0	0.0	0.0	0.0	0.3	0.0	0.0	0.0	0.0	0.0	0.0
合计	28496.9	3.5	6.5	14.59	2.62	3164.2	376.5	6.5	13.04	4.17	0.0	0.02	6.67	4.33	28489.38	0.0
对应符号	V_f		V_s			V_{cy}		V'_s			V_{co}			V_d		
	V_t							V'_t								

注　全厂取水量（扣除直流温排水量）V_f=11.02m^3/h（其中生活水取用量为 3.5m^3/h）；全厂串、回用水量 V_s=23.71m^3/h；全厂循环水量 V_{cy}=3540.7m^3/h；全厂耗水量 V_{co}=6.69m^3/h；全厂排水量（扣除直流温排水量）V_d=4.33m^3/h；全厂总用水量 $V_t=V_f+V_s+V_{cy}$=3575.43m^3/h；试验期间平均单位发电量取水量为 0.038m^3/MWh。

五、分系统水平衡框图

（1）循环水与开式水系统水量水平衡框图见图 12-9。

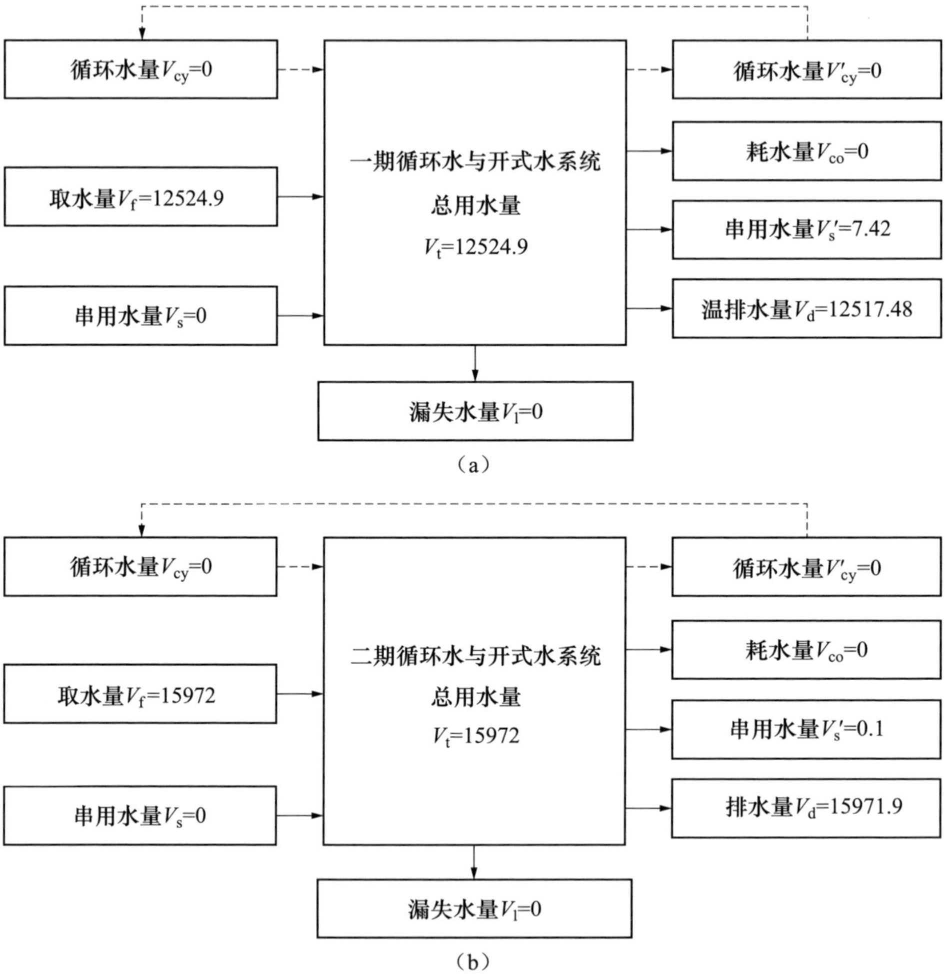

图 12-9　循环水与开式水系统水量水平衡框图（单位：m^3/h）

（a）一期机组；（b）二期机组

（2）闭式水系统水平衡框图见图 12-10。

（3）化学制水系统水平衡框图见图 12-11。

（4）热力循环系统水平衡框图见图 12-12。

（5）生活水系统水平衡框图见图 12-13。

（6）工业水与消防水系统水平衡框图见图 12-14。

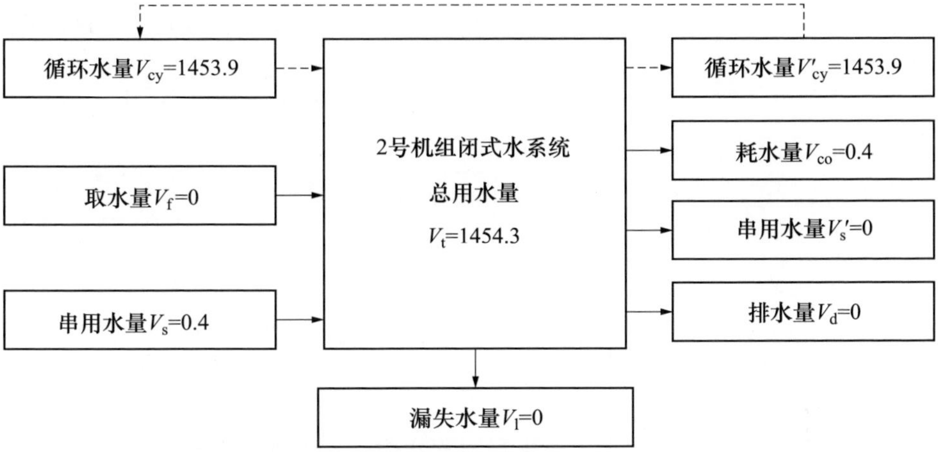

（a）

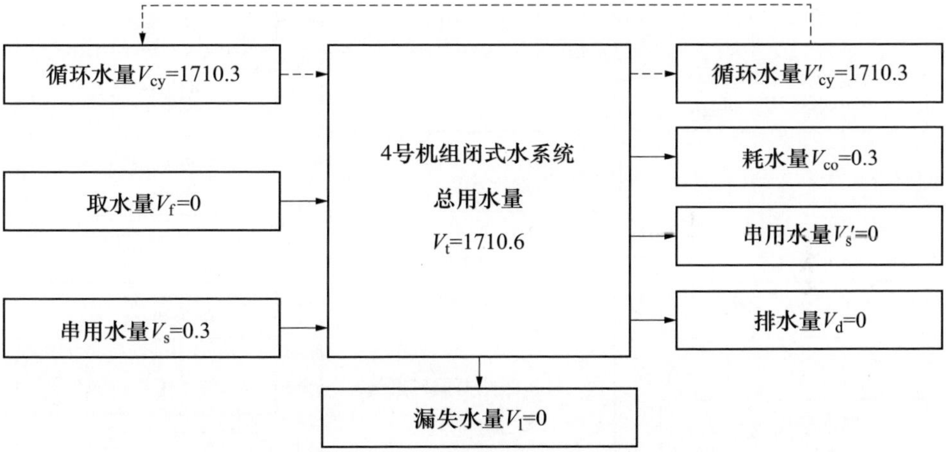

（b）

图 12-10　闭式水系统水平衡框图（单位：m^3/h）

（a）2 号机组；（b）4 号机组

（7）工业废水系统水平衡框图见图 12-15。

（8）含油废水处理系统水平衡框图见图 12-16。

（9）全厂水平衡框图见图 12-17。

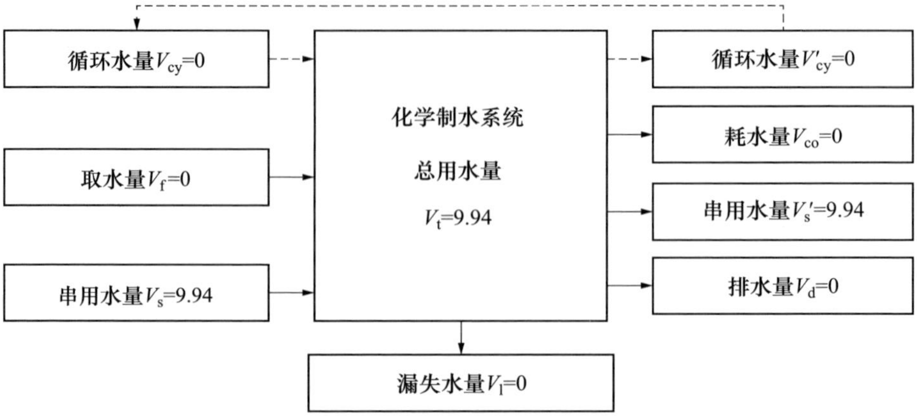

图 12-11　化学制水系统水平衡框图（单位：m^3/h）

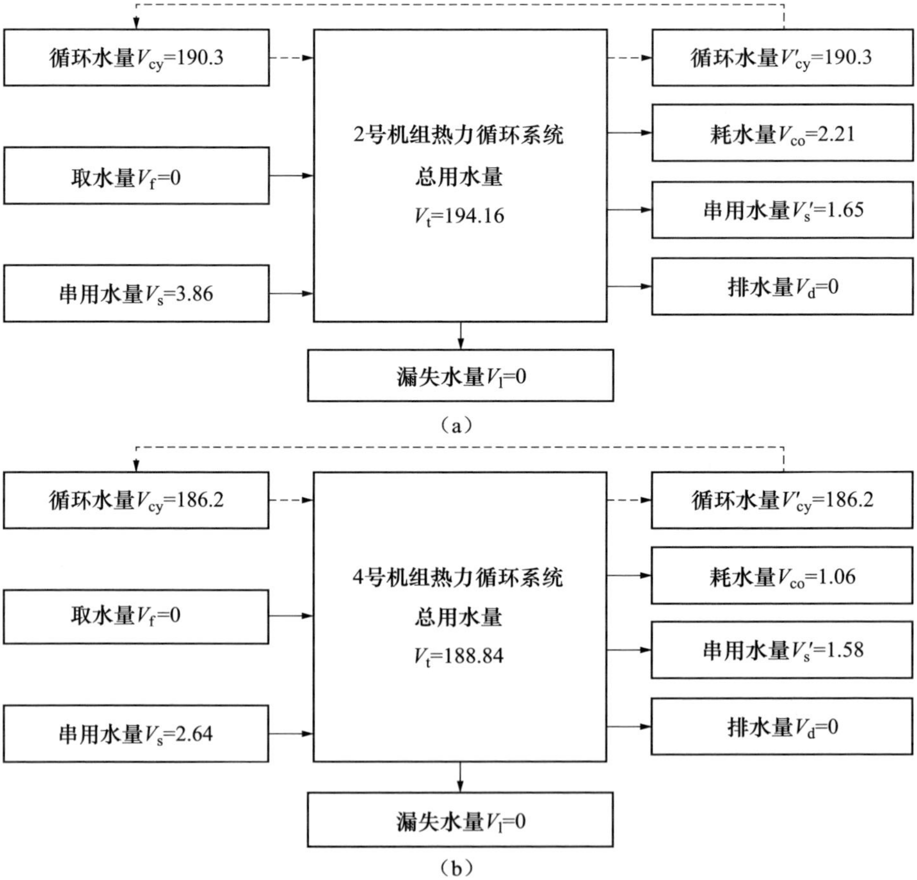

图 12-12　热力循环系统水平衡框图（单位：m^3/h）

（a）2 号机组；（b）4 号机组

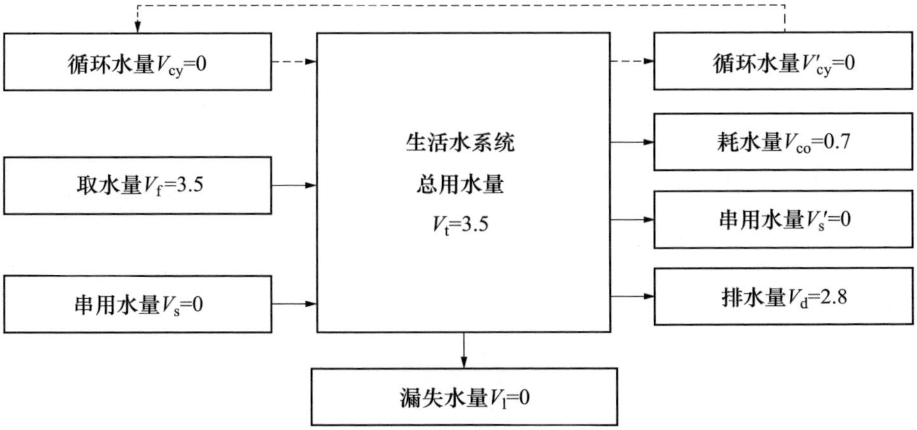

图 12-13　生活水系统水平衡框图（单位：m^3/h）

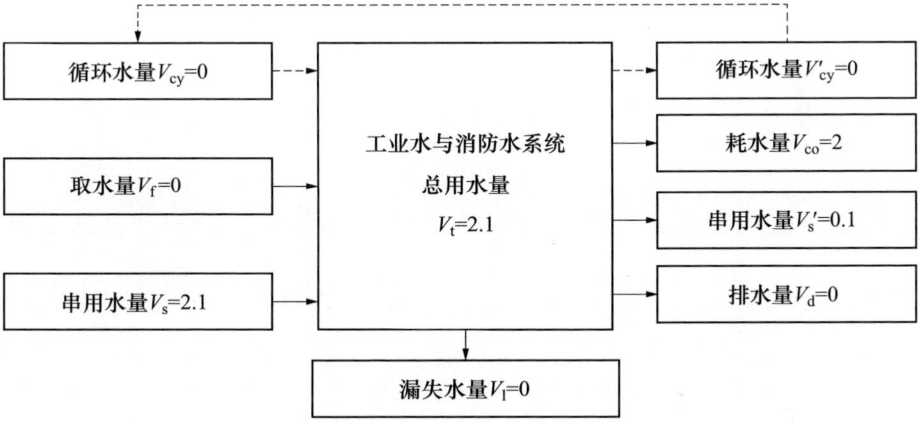

图 12-14　工业水与消防水系统水平衡框图（单位：m^3/h）

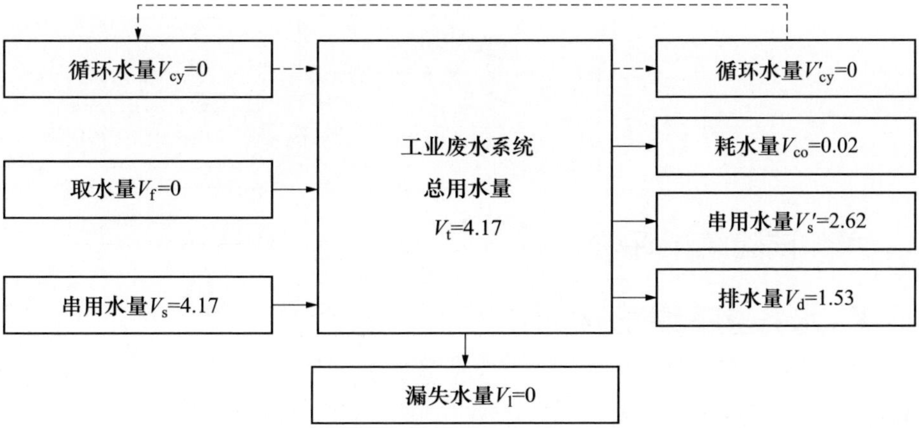

图 12-15　工业废水系统水平衡框图（单位：m^3/h）

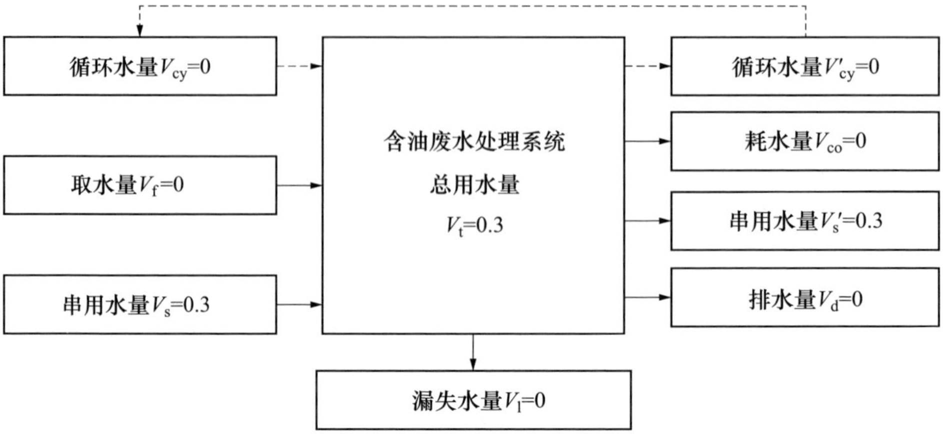

图 12-16　含油废水处理系统水平衡框图（单位：m^3/h）

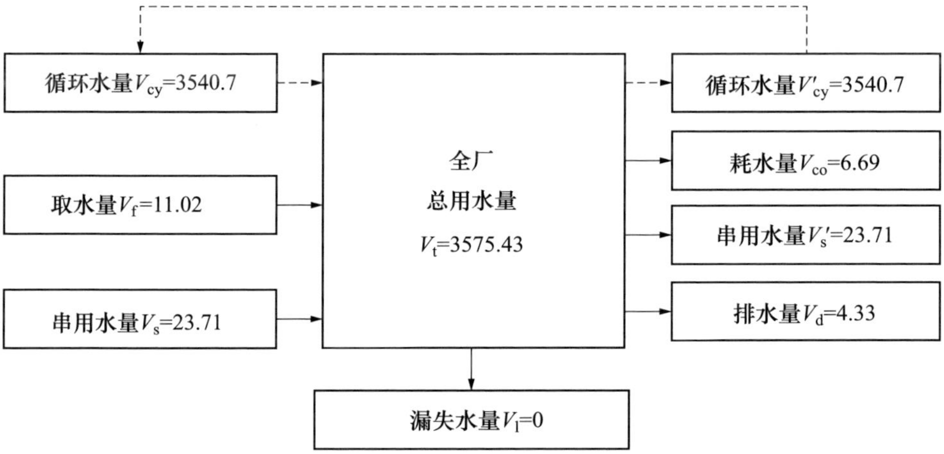

图 12-17　全厂水平衡框图（单位：m^3/h）

六、试验结果评价

1. 水务管理数据分析

水平衡试验期间，××电厂水务管理现状及主要技术指标见表12-18。

表 12-18　　××电厂水务管理现状及主要技术指标

序号	指标名称	比率或数值（试验期间）	计算依据
1	全厂总取水量（m^3/h）	11.02	V_f
2	全厂总用水量（扣除直流循环水量，m^3/h）	3575.43	V_t
3	重复利用水量（扣除直流循环水量，m^3/h）	3564.41	V_r
3.1	全厂串、回用水量（m^3/h），其中：	23.71	V_s
3.1.1	废水回用量（m^3/h）	2.62	V_w
3.1.2	串用水量（m^3/h）	14.59	
3.1.3	成品水量（m^3/h）	6.5	
3.2	全厂循环利用水量（m^3/h），其中：	3540.7	V_{cy}
3.2.1	冷凝水循环量（m^3/h）	376.5	
3.2.2	循环水量（m^3/h）	3164.2	
4	全厂消耗性水量（m^3/h），其中：	6.69	V_{co}
4.1	风吹蒸发损失（m^3/h）	0	
4.2	固废携带损失（m^3/h）	0.02	
4.3	给水泄漏、损耗损失（m^3/h）	6.67	
5	全厂排水量（扣除直流温排水量，m^3/h）	4.33	V_d
5.1	废（污）水量治理后排放量（m^3/h）	4.33	其中生活污水排放量 2.8
5.2	循环水量（扣除直流温排水量，m^3/h）	0	温排水量 28489.38
6	全厂水复用率（%）	99.7	$R=\frac{V_r}{V_t}\times 100$
7	全厂废水复用率（%）	37.7	$K_w=\frac{V_w}{V_d+V_w}\times 100$
8	热力系统汽水损失率（%）	一期 1.16、二期 0.57	
9	发电补水率（%）	一期 1.46、二期 2.03	
10	全厂水消耗率（%）	60.71	V_{co}/V_f
11	全厂水排放率（%）	39.29	V_d/V_f

续表

序号	指标名称	比率或数值（试验期间）	计算依据
12	漏失率（%）	0	
13	单位发电量取水量（m^3/MWh）	0.038	V_f/发电量

2. 试验结果评价

通过水平衡试验工作开展，结合相关标准，对全厂用水管理评价如下：

（1）全厂用水指标评价。水平衡试验期间，全厂单位发电量取水量为 0.038m^3/MWh，符合 GB/T 18916.1—2021《取水定额　第 1 部分：火力发电》、GB/T 26925—2011《节水型企业　火力发电行业》的考核指标要求，也符合 DL/T 5513—2016《发电厂节水设计规程》规定的要求。

水平衡试验期间，2 号机组热力系统补水率为 1.46%，4 号机组热力系统补水率为 2.03%，符合 DL/T 246—2015《化学监督导则》规定的不大于 3.0%标准要求。

水平衡试验期间，全厂取水量为 11.02m^3/h。全厂废（污）水排放量为 4.33m^3/h，全厂废水回收量为 2.62m^3/h。废水回收率为 37.7%，电厂排放水率为 62.3%。

（2）管网及计量表。全厂供、排水管网设计合理，各类废水收集处理合格后排放，未回收。全厂一、二、三级给水系统流量计配备齐全，在线表计计量准确率高。

3. 小结

（1）各水系统设备现状。根据现场调研收资，电厂各水系统设备状况和处理后水的实际去向见表 12-19。

表 12-19　　各水系统设备状况统计表

序号	水系统	设备状况	设计出力	原设计去向	实际水去向
1	生活污水系统	正常运行	2 × 3m^3/h	市政污水管网	市政污水管网

续表

序号	水系统	设备状况	设计出力	原设计去向	实际水去向
2	工业废水系统	正常运行	25m^3/h	定排坑冷却水	处理后排至污水管网
3	含油废水系统	正常运行	5m^3/h	处理合格后厂区排水系统	处理后排至污水管网

（2）试验期间水量统计。在机组平均负荷率80%的条件下，全厂水系统用水、排水等数值见表12-20。

表12-20　　试验期间全厂水系统用水、排水水量　　m^3/h

项目	数值	项目	数值
总用水量	3575.43	串用水量	23.71
总取水量	11.02	排水量	4.33
复用水量	3564.41	排放水率	62.3%
复用水率	99.7%	耗水量	6.69
循环水量	3540.7		

注　单位发电量取水量0.038m^3/MWh。

4. 已有节水措施

（1）工业废水处理系统已改造完成，确保工业废水处理合格排放，满足环评批复及排污许可要求。

（2）修复含油废水处理设施，完善了含油废水收集、排放系统使含油废水能有效收集，处理合格后全部排入工业废水处理系统，进一步处理后达标排放。

（3）对厂区排水管网进行了雨污分流改造，生活污水处理系统新增化粪池，生活污水处理后水质满足三级标准，改造后完全实现了雨污分流，消除了环保风险。

（4）对净水站排水、取样排水、锅炉排污水统一回收至新增浓缩溢流水池，作为化学制水水源，减少了废水排放量，提高废水回用率。

（5）锅炉定、连排冷却由掺水直接冷却，改为换热器间接冷却，减少了生产取用水量，降低了锅炉排水回收难度，降低了单位发电量耗水量。

（6）新增二级、三级用水计量仪表，满足用水管理要求。

5. 主要存在的问题

××电厂通过科学、有效的管理手段，对全厂给排水系统及生产系统各个环节进行管理，全厂的水复用率较高。目前，仍存在部分在线流量表计无累计数据，不利于开展水务管理工作。

针对上述存在问题，对全厂水系统表计进行有效管理，开展定期校验、试验工作。对于关口表计应做好计量校验工作。

七、附图

试验工况下全厂水平衡图见图 12-18。

分析点评

我国煤炭资源丰富，传统的燃煤发电机组在我国一直占主导地位。但是煤炭燃烧过程中，会产生粉尘、氮氧化物、硫氧化物等污染物。如今，随着国家排放标准的不断提高，以轻柴油或天然气为燃料的燃气-蒸汽联合循环机组，因为具有燃烧产物清洁和能量利用率高等优点，成为我国发电行业未来的发展趋势之一。

此类机组采用直流冷却时，系统耗水量很小，用水系统也较为简单，一般划分为循环水及开式水系统、工业及消防水系统、锅炉补给水系统、闭式水系统、生活水及生活污水处理系统、热力系统、工业废水处理系统、含油废水处理系统共 8 个系统。

此类机组测试较为简单，采用在线表计辅助超声波流量法进行测量统计。

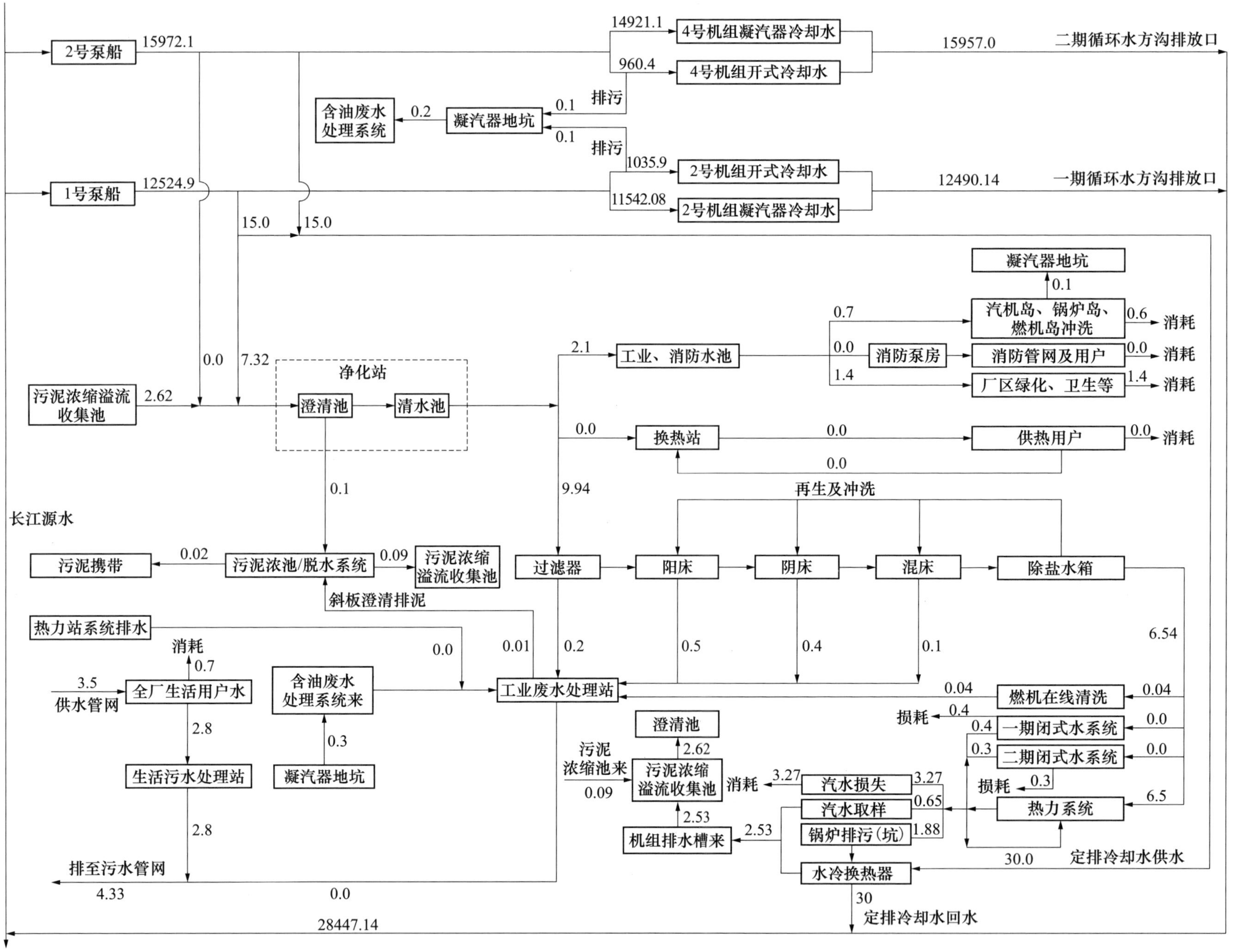

图 12-18　试验工况下全厂水平衡图（单位：m^3/h）

附录一　水平衡试验原则及技术依据

1．水平衡试验原则

（1）选择在常规工况下进行水平衡试验，且运行机组的发电负荷应占全厂总装机容量的80%以上，保证试验结果能够反映真实的用水水平。

（2）所有试验仪表应经过校验，其精度应满足GB 17167的要求。

（3）有计量表计的三级用水系统要定时检查记录。当采用辅助方法测量时，要选取负荷稳定的用水工况进行测量，平行测量次数不少于3次，最终取其平均值。

（4）水平衡试验宜在冬季、夏季工况分别进行。

2．法律法规及政策依据

（1）《中华人民共和国水法》（2016年7月修订）；

（2）《工业和信息化部、水利部、全国节约用水办公室　关于深入推进节水型企业建设工作的通知》（工信部联节〔2012〕431号）；

（3）《水利部关于印发落实国务院关于实行最严格水资源管理制度的意见实施方案的通知》（水资源〔2012〕356号）。

3．试验标准及依据

（1）DL/T 606.5《火力发电厂能量平衡导则　第5部分：水平衡试验》；

（2）GB/T 12452《水平衡测试通则》；

（3）水系统设计资料和图纸；

（4）能耗指标等统计数据。

4．评价标准及其他技术依据

（1）DL/T 783《火力发电厂节水导则》；

（2）DL/T 1052《电力节能技术监督导则》；

（3）DL/T 2385《火力发电厂水计量器具配备和管理技术导则》；

（4）GB/T 7119《节水型企业评价导则》；

（5）GB/T 18916.1《取水定额　第 1 部分：火力发电》；

（6）GB/T 26925《节水型企业　火力发电行业》；

（7）GB/T 50050《工业循环冷却水处理设计规范》。

附录二 水平衡试验收资清单

序号	资料名称	纸质版	电子版	负责人	电话
1	工程环境影响报告				
2	工程初步设计水工卷				
3	工程初步设计环保卷				
4	工程水量平衡图（设计）				
5	汽轮机系统图及规程				
6	锅炉系统图及规程				
7	化学系统图及规程				
8	燃料专业水系统图及规程				
9	脱硫专业水系统图及规程				
10	除灰专业水系统图及规程				
11	工业废水处理系统图及规程				
12	生活污水处理系统图及规程				
13	全厂给排水竣工图				
14	全厂地下管网竣工图				
15	其他资料				
16	原水水质化验报告				
17	各废水系统水质化验报告				

注 1. 汽轮机、锅炉、化学、除灰、脱硫、燃料专业分别介绍各专业的水系统概况，包括水的来源、系统连接、排水去向。

2. 其他水相关资料：往期水平衡报告、循环水动态模拟试验、排污许可证及其附件、取水许可证等。

附录三　超声波管道法原始数据记录表

记录编号：

<table>
<tr><td>项目名称</td><td colspan="6"></td></tr>
<tr><td>依据标准</td><td colspan="6">DL/T 606.5《火力发电厂能量平衡导则　第 5 部分：水平衡试验》</td></tr>
<tr><td rowspan="4">仪器设备
名称/编号</td><td></td><td rowspan="4">运行状态使用前</td><td>正常 □
异常 □</td><td rowspan="4">运行状态使用后</td><td>正常 □
异常 □</td><td rowspan="4">检定/
校准
有效期</td><td></td></tr>
<tr><td></td><td>正常 □
异常 □</td><td>正常 □
异常 □</td><td></td></tr>
<tr><td></td><td>正常 □
异常 □</td><td>正常 □
异常 □</td><td></td></tr>
<tr><td></td><td>正常 □
异常 □</td><td>正常 □
异常 □</td><td></td></tr>
<tr><td>试验日期</td><td colspan="4"></td><td>机组编号</td><td colspan="2"></td></tr>
<tr><td>试验环境</td><td>大气压力
（Pa）</td><td></td><td>温度
（℃）</td><td></td><td>湿度
（%）</td><td colspan="2"></td></tr>
<tr><td>试验位置</td><td colspan="7"></td></tr>
<tr><td>序号</td><td colspan="2">试验时段</td><td colspan="2">试验时段累计流量
（m^3/h）</td><td colspan="2">试验时段平均流量
（m^3/h）</td><td>平均流量
（m^3/h）</td></tr>
<tr><td></td><td colspan="2"></td><td colspan="2"></td><td colspan="2"></td><td rowspan="4"></td></tr>
<tr><td></td><td colspan="2"></td><td colspan="2"></td><td colspan="2"></td></tr>
<tr><td></td><td colspan="2"></td><td colspan="2"></td><td colspan="2"></td></tr>
<tr><td></td><td colspan="2"></td><td colspan="2"></td><td colspan="2"></td></tr>
</table>

检测人员：　　　　　　　　　　校核人员：

日　　期：　　　　　　　　　　日　　期：

附录四 容积法原始数据记录表

记录编号：

<table>
<tr><td>项目名称</td><td colspan="7"></td></tr>
<tr><td>依据标准</td><td colspan="7">DL/T 606.5《火力发电厂能量平衡导则 第 5 部分：水平衡试验》</td></tr>
<tr><td rowspan="4">仪器设备
名称/编号</td><td></td><td rowspan="4">运行状态使用前</td><td>正常 □
异常 □</td><td rowspan="4">运行状态使用后</td><td>正常 □
异常 □</td><td rowspan="4">检定/校准有效期</td><td></td></tr>
<tr><td></td><td>正常 □
异常 □</td><td>正常 □
异常 □</td><td></td></tr>
<tr><td></td><td>正常 □
异常 □</td><td>正常 □
异常 □</td><td></td></tr>
<tr><td></td><td>正常 □
异常 □</td><td>正常 □
异常 □</td><td></td></tr>
<tr><td>试验日期</td><td colspan="3"></td><td colspan="2">机组编号</td><td colspan="2"></td></tr>
<tr><td>试验环境</td><td>大气压力
（Pa）</td><td></td><td>温度
（℃）</td><td></td><td>湿度
（%）</td><td colspan="2"></td></tr>
<tr><td>试验位置</td><td colspan="7"></td></tr>
<tr><td>序号</td><td>固定容器 V
（m^3）</td><td>时间
（s）</td><td>流量
（m^3/h）</td><td colspan="4">平均流量
（m^3/h）</td></tr>
<tr><td></td><td></td><td></td><td></td><td colspan="4" rowspan="4"></td></tr>
<tr><td></td><td></td><td></td><td></td></tr>
<tr><td></td><td></td><td></td><td></td></tr>
<tr><td></td><td></td><td></td><td></td></tr>
</table>

检测人员： 校核人员：

日　　期： 日　　期：

附录五　冷却塔蒸发水量原始数据记录表

记录编号：

<table>
<tr><td>项目名称</td><td colspan="7"></td></tr>
<tr><td>依据标准</td><td colspan="7">GB/T 50102《工业循环水冷却设计规范》
DL/T 606.5《火力发电厂能量平衡导则　第 5 部分：水平衡试验》</td></tr>
<tr><td rowspan="4">仪器设备名称/编号</td><td></td><td rowspan="4">运行状态使用前</td><td>正常 □
异常 □</td><td rowspan="4">运行状态使用后</td><td>正常 □
异常 □</td><td rowspan="4">检定/校准有效期</td><td></td></tr>
<tr><td></td><td>正常 □
异常 □</td><td>正常 □
异常 □</td><td></td></tr>
<tr><td></td><td>正常 □
异常 □</td><td>正常 □
异常 □</td><td></td></tr>
<tr><td></td><td>正常 □
异常 □</td><td>正常 □
异常 □</td><td></td></tr>
<tr><td>试验日期</td><td colspan="3"></td><td colspan="2">机组编号</td><td colspan="2"></td></tr>
<tr><td>试验环境</td><td>大气压力
（Pa）</td><td></td><td>温度
（℃）</td><td></td><td>湿度
（%）</td><td colspan="2"></td></tr>
<tr><td>试验位置</td><td colspan="7"></td></tr>
<tr><td>序号</td><td>试验时段</td><td colspan="2">试验时段机组负荷
（MW）</td><td colspan="2">冷却水进水温度
（℃）</td><td>出水温度
（℃）</td><td>环境温度
（℃）</td></tr>
<tr><td></td><td></td><td colspan="2"></td><td colspan="2"></td><td></td><td></td></tr>
<tr><td></td><td></td><td colspan="2"></td><td colspan="2"></td><td></td><td></td></tr>
<tr><td></td><td></td><td colspan="2"></td><td colspan="2"></td><td></td><td></td></tr>
<tr><td></td><td></td><td colspan="2"></td><td colspan="2"></td><td></td><td></td></tr>
</table>

检测人员：　　　　　　　　　　　　校核人员：

日　　期：　　　　　　　　　　　　日　　期：

附录六　电力水平衡名词术语

序号	名词	解　　释
1	取水量	取水量是指从各种水源提取的水量
2	单位发电量取水量	火电厂生产每单位电量需要从各种水源中提取的水量。 注：取水量范围是指企业从各种水源提取的水量，包括取自地表水（以净水厂供水计量）、地下水、城镇供水、从市场购得的其他水（或水的产品，如蒸汽、热水、地热水等）等常规水源的水量，取自再生水等非常规水源的水量。其中，采用海水（包括海水与淡水的混合水）淡化方式的以进入电厂工业水池的淡水量为准。 采用直流冷却系统的企业取水量不包括从江、河、湖、海等水体取水用于凝汽器及其他换热器开式冷却并排回原水体的水量；企业从直流冷却水（不包括海水）系统中取水用作其他用途，则该部分应计入企业取水范围。采用海水（包括海水与淡水的混合水，溶解性总固体大于 1000mg/L）循环冷却方式的企业，取用的海水量不计入取水量
3	装机取水量	按火电厂单位装机容量核定的水量
4	串用水量	在水质、水温满足要求的条件下，前一系统的排水被直接作为另外系统补充水的水量
5	回用水量	生产过程中已经使用过的水，其水质、水温再经过适当处理后被回收利用于其他系统的水量
6	循环水量	在工业系统中用过的水经过适当处理后，仍用于原工艺流程形成循环回路的水量
7	复用水量	在生产过程中使用两次及两次以上的水量，包括循环水量、串用水量和回用水量
8	总用水量	完成发电过程所需要的各种水量的总和
9	总排水量	火电厂向外部环境排放的水量，包括工业排水量和厂区生活排水量
10	耗水量	水在使用过程中因蒸发、飞散、渗漏、风吹、污泥和灰渣携带、绿化等形式消耗掉的各种水量

续表

序号	名词	解　　释
11	重复利用率	在一定的计量时间内，生产过程中的重复水量占总用水量的百分比
12	排放水率	在一定计量时间内，全厂排水量占取水量的百分比
13	灰水比	在一定计量时间内，灰水中干灰与水的质量比
14	不平衡率	总水量与分系统水量之和的相对误差
15	单位发电量耗水量	火电厂取水量扣除原水预处理系统和再生水深度处理系统的自用水量与发电量的比值
16	废水回用率	在生产过程中，回收利用的废水总量占电厂产生废水总量的百分比。采用原水冷却的辅机设备排放水不计为废水
17	一级用水系统	火电厂从各种水源地取水至厂内、排水至厂外及外供水、供汽组成的水系统
18	二级用水系统	火电厂内各系统的供水、排水组成的水系统，主要包括工业水系统、锅炉补给水处理系统、生活水系统、消防水系统等
19	三级用水系统	火电厂内各二级用水系统中的分/子系统

附录七　单位发电量取水量的计算

1．单纯使用常规水的火电机组

某电厂拥有2台300MW循环冷却机组、2台600MW空气冷却机组，使用地表水作为电厂生产用水。某年度，2台300MW机组平均年利用小时数为4500h，合计发电量为270万MWh，查询取水定额指标为2.70m^3/MWh，则该年度实际取水量不应超过729万m^3；2台600MW机组平均年利用小时数为5000h，合计发电量为600万MWh，查询取水定额指标为0.49m^3/MWh，则该年度实际取水量不应超过294万m^3；该厂实际取水量不应超过1023万m^3。

2台300MW循环冷却机组额定最大取水量$V_{i(300 \cdot max)}$为

$$V_{i(300 \cdot max)}=2\times300\times4500\times2.70=7.29\times10^6\ (m^3)$$

2台600MW空气冷却机组额定最大取水量$V_{i(600 \cdot max)}$为

$$V_{i(600 \cdot max)}=2\times600\times5000\times0.49=2.94\times10^6\ (m^3)$$

该厂额定最大取水量$V_{i(600 \cdot max)}$为

$$V_{imax}=V_{i(300 \cdot max)}+V_{i(600 \cdot max)}=1.023\times10^7\ (m^3)$$

2．单纯使用非常规水的火电机组

某电厂拥有2台1000MW循环冷却机组，使用城市中水作为电厂生产用水。某年度，两台机组平均年利用小时数为4350h，合计发电量为870万MWh，查询取水定额指标为2.00m^3/MWh，采用非常规水的定额调整系数为1.2，则该年度实际取水量不应超过2088万m^3。计算如下

$$V_{i(1000 \cdot max)}=2\times1000\times4350\times2.00\times1.2=2.088\times10^7\ (m^3)$$

3．同时使用常规水和非常规水的火电机组

某电厂拥有2台600MW循环冷却机组，使用自来水、地表水、城市中水作为电厂生产用水。某年度，两台机组平均年利用小时数为4750h，合计发电量为570万MWh，该年度取水量为1369万m^3，其中

自来水为 24 万 m^3，地表水 375 万 m^3，城市中水 970 万 m^3，单位发电量取水量为 2.40m^3/MWh。考虑该厂采用城市中水，采用非常规水的定额调整系数为 1.2，折算后该厂单位发电量取水量为 2.00m^3/MWh，低于定额值 2.35m^3/MWh，符合标准要求。计算如下

$$V_{i(600\cdot max)}=(24+375+970/1.2)/570=2.00\ (m^3/MWh)$$

附录八 水平衡试验计算公式

1. 循环水风吹损失水量

$$Q_F = P_F \cdot Q \tag{1}$$

式中 Q_F ——风吹损失水量，m^3/h；

Q ——冷却塔循环水量，m^3/h；

P_F ——风吹损失水率，%。

冷却塔的风吹损失水率，应按冷却塔的通风方式和收水器的逸出水率以及横向穿越风从塔的进风口吹出的水损失率确定。当缺乏收水器的逸出水率等数据时，可按照附表 1 规定取值。

附表 1　　风 吹 损 失 水 率

冷却构筑物类型	机械通风式冷却塔（有收水器）	双筒式（双曲线）冷却塔	
		有收水器	无收水器
P_F	0.2% ~ 0.3%	0.1%	0.3% ~ 0.5%

注 其他类型冷却塔的吹散损失系数参阅相关标准规定。

2. 循环水蒸发损失水量

$$Q_Z = P_Z \cdot Q \tag{2}$$

式中 Q_Z ——蒸发损失水量，m^3/h；

Q ——冷却塔循环水量，m^3/h；

P_Z ——蒸发损失水率，%。

蒸发损失水率可按下式计算

$$P_Z = K_{ZF} \cdot \Delta t \times 100\%$$

式中 P_Z ——蒸发损失水率；

K_{ZF} ——蒸发损失系数，1/℃，按附表 2 的规定采用，当进塔干球空气温度在中间值时可采用内插法计算；

Δt ——冷却塔进出水温差，℃。

附表 2　　蒸发损失系数 K_{ZF}

进塔干球空气温度（℃）	−10	0	10	20	30	40
K_{ZF}（1/℃）	0.0008	0.0010	0.0012	0.0014	0.0015	0.0016

3. 循环水排水损失水量

$$Q_p = \frac{Q_Z - (\varphi - 1)Q_F}{\varphi - 1} \tag{3}$$

式中　Q_p ——循环水系统排水量，m^3/h；

Q_Z ——冷却塔蒸发损失水量，m^3/h；

Q_F ——冷却塔风吹损失水量，m^3/h；

φ ——循环水浓缩倍数。

4. 循环水排水回收率

$$L_p = \frac{Q_{xh}}{Q_{zp}} \times 100\% \tag{4}$$

$$Q_{zp} = Q_{xh} + Q_{xp} \tag{5}$$

式中　L_p ——循环水排水回收率，%；

Q_{xh} ——在统计期内，电厂对循环水排水直接或间接回用水量，m^3；

Q_{zp} ——在统计期内，电厂总的循环水排水量，m^3；

Q_{xp} ——在统计期内，电厂循环水外排水总量，m^3。

5. 总用水量、复用水量

$$Q_f = Q_{xh} + Q_{cy} + Q_{hy} \tag{6}$$

$$Q_z = Q_q + Q_f \tag{7}$$

式中　Q_f ——复用水量，m^3/h；

Q_{xh} ——循环水量，m^3/h；

Q_{cy} ——串用水量，m^3/h；

Q_{hy} ——回用水量，m^3/h；

Q_z ——总用水量，m^3/h；

Q_q ——取水量，m^3/h，当火电厂冷却系统采用直流供水系统时，发电取水量应等于从水源的总取水量中扣除返还水源的排水量（排水水温发生变化、水质没有变化）后的净取水量。

6. 全厂重复利用率、排放水率、废水回用率

$$R = Q_f / (Q_f + Q_q) \times 100\% \tag{8}$$

$$K_p = Q_p / Q_q \times 100\% \tag{9}$$

$$K_f = Q_{fsh} / Q_{fs} \times 100\% \tag{10}$$

式中　R ——重复利用率，%；

K_p ——排放水率，%；

Q_p ——总排水量，m^3/h，即火电厂向外部环境排放的水量，包括工业排水量和厂区生活排水量；

K_f ——废水回用率，%；

Q_{fsh} ——全厂回收利用的各类废水总量，m^3/h；

Q_{fs} ——生产过程中产生各类废水总量，m^3/h。

7. 全厂废水回用率

$$L_f = \frac{Q_{fh}}{Q_{zf}} \times 100\% \tag{11}$$

$$Q_{zf} = Q_{fh} + Q_{fp} \tag{12}$$

式中　L_f ——全厂废水回用率，%；

Q_{fh} ——统计周期内的全厂废水的回用水量，m^3；

Q_{zf} ——统计周期内的全厂总的废水量，m^3；

Q_{fp} ——统计周期内的全厂向外排放的废水总量，m^3。

8. 单位发电量取水量

$$V_{ui} = Q_q / W \tag{13}$$

式中　Q_q ——统计周期内的取水量，m^3；

V_{ui} ——单位发电量取水量，m^3/MWh；

W ——统计周期内的发电量，MWh。

9. 单位供电量取水量

$$V_{si}=\frac{Q_q}{W_g} \tag{14}$$

式中 V_{si} ——单位供电量取水量，m^3/MWh；

Q_q ——统计周期内的取水量，m^3；

W_g ——统计周期内的供电量，MWh。

10. 单位发电量耗水量

$$V_{uc}=(Q_q-Q_{zy})/W \tag{15}$$

式中 Q_q ——统计周期内的取水量，m^3；

V_{uc} ——单位发电量耗水量，m^3/MWh；

Q_{zy} ——原水预处理系统和再生水深度处理系统的自用水量，m^3/MWh；

W ——统计周期内的发电量，MWh。

11. 单位供电量耗水量

$$V_{sc}=\frac{Q_h}{W_g} \tag{16}$$

式中 V_{sc} ——单位供电量耗水量，m^3/MWh；

Q_h ——统计周期内的耗水量，m^3；

W_g ——统计周期内机组的供电量，MWh。

12. 单位发电量废水排放量

$$V_{gw}=\frac{Q_{fp}}{W_f} \tag{17}$$

式中 V_{gw} ——单位发电量废水排放量，m^3/MWh；

Q_{fp} ——统计周期内的废水排放量，m^3；

W_f ——统计周期内机组的发电量，MWh。

13. 单位供电量废水排放量

$$V_{sw}=\frac{Q_{fp}}{W_g} \tag{18}$$

式中　V_{sw} ——单位供电量废水排放量，m^3/MWh；

Q_{fp} ——统计周期内的废水排放量，m^3；

W_g ——统计周期内机组的供电量，MWh。

14. 全厂不平衡率σ

$$\sigma=(Q_z-\sum Q_i)/Q_z\times100\% \tag{19}$$

式中　σ ——不平衡率，%；

Q_z ——全厂总用水量，m^3/h；

$\sum Q_i$ ——各分系统用水量之和，m^3/h。

15. 自用水率、锅炉补水率、汽水损失率

$$L_{zy}=\frac{Q_s-Q_c}{Q_s}\times100\% \tag{20}$$

$$L_{bs}=Q_{bs}/Q_{gz}\times100\% \tag{21}$$

$$L_{qs}=Q_{qs}/Q_{gz}\times100\% \tag{22}$$

式中　L_{zy} ——化学水处理系统自用水率，%；

Q_s ——进行化学水处理系统的生水水量，m^3/h；

Q_c ——化学水处理系统产出的除盐水量，m^3/h；

L_{bs} ——锅炉补水率，%；

Q_{bs} ——补入锅炉、汽轮机设备及其热力循环系统的除盐水量，m^3/h；

Q_{gz} ——锅炉实际蒸发量，m^3/h；

L_{qs} ——汽水损失率，%；

Q_{qs} ——锅炉、汽轮机及其热力循环系统由于泄漏引起的汽、水损失量，m^3/h。

16. 汽包锅炉排污率

$$L_{pw}=Q_{pw}/Q_{gz}\times100\% \tag{23}$$

式中　L_{pw} ——锅炉排污率，%；

Q_{pw} ——锅炉排污水量，m^3/h；

Q_{gz} ——锅炉实际蒸发量，m^3/h。